各界推薦

蜘蛛是一群低調卻又存在感十足的角落生物，沒被發現時與人類相安無事，登場時卻又常常引起騷動。我在準備考大學時的無趣日子裡，在瓶子裡養了一隻蠅虎，光是看牠捕食蚊子，也能看得津津有味。多樣的蜘蛛世界、豐富的行為反應、精巧的蛛絲蛛網、無限的創作題材，透過這本蜘蛛科普書，下回遇到蜘蛛，不妨在遠處觀察，牠們也許會為你帶來意想不到的彩蛋。

——林大利，行政院農委會特有生物研究保育中心助理研究員

內舉不避親——你知道蜘蛛不是昆蟲嗎？如果你知道，恭喜！這本書正是一本讓你陷入（對蜘蛛的）情網的書。如果你不知道，那這本書更將幫你揭開蜘蛛陷阱，看看在蜘蛛網的各個面向有什麼好玩有趣的故事。

好書大家讀、有坑一定推。不是我胳膊向內彎，作者是我同研究室的學弟，從螞蟻博士轉身成為蜘蛛學家，解讀蜘蛛的意圖，說明牠們的行為，還介紹

了不少有蜘蛛的電影和文學作品。看完書之後，在家中看到蜘蛛網或喇牙時，不但會振振有辭地說那不該清、不要趕，還會成為上網找蠅虎跳舞影像跟親朋好友分享牠們有多可愛的蜘蛛迷。不要說我騙你，看完書就知道！

——張東君，科普作家、作者學姐

我過去對蜘蛛是畏而遠之，對牠們在家中捕食害蟲的服務也是敬謝不敏。可是讀了這本生動有趣的書，瞭解到蜘蛛的趣事和妙用，以及蜘蛛絲的多才多藝，不僅有點喜歡上牠們，甚至開始有了想要養幾箱蜘蛛在辦公室的衝動！

——黃貞祥，國立清華大學生命科學系助理教授、泛科學專欄作者

怕蜘蛛嗎？沒關係，我也有一點！

不過在看完這本輕鬆易讀的蜘蛛專書之後，相信你對於蜘蛛的恐懼會少一點，了解會多一些，而且更多的是對蜘蛛的好奇與欣賞。

或許下次偶然在牆角或戶外看到蜘蛛，甚至會想要停下來多觀察觀察牠

們，也說不定呢！

——潘彥宏，北一女中生物科教師

蜘蛛是生活在我們人類周遭，十分常見但又令人毛骨悚然的謎樣生物。對於蜘蛛，人類總是又怕又好奇，可惜相關的中文書籍甚少。《蜘蛛的腦裡有大腦？》是一本很難得、很有意義的蜘蛛相關書籍。本書中，作者從人蛛互動開始，從牠們的習性、蜘蛛網、求偶交配與覓食等行為，到他們的個性都做了介紹，把最新有關於蜘蛛的科學研究，轉譯成非常淺顯易懂、生動有趣的文字，是值得推薦的好書。

——鄭任鈞，國立中興大學生命科學系助理教授

「請問在座各位喜歡蜘蛛嗎？」

身為以蜘蛛為研究對象的研究者，這是每當在演講介紹蜘蛛的生態之前，總會做的小調查。果不其然，大多時候所有聽眾都會默默相覷，好像心裡想著我

到底問這什麼奇怪的問題……。

確實，大家對蜘蛛毫不陌生，但似乎對牠們又毫不瞭解，腦袋中對蜘蛛更充滿各種都市傳說的想像；用「最熟悉的陌生人」來描述蜘蛛，可說是再貼切不過了。那麼《蜘蛛的腳裡有大腦？》絕對是適合你我開始認識蜘蛛的第一本書。

記得我小時候也是看到蜘蛛就會忍不住想要尖叫＋逃跑，直到開始研究牠們（是一群晚上時會在溪邊活動的蜘蛛），才發現原來蜘蛛的生活真是多彩多姿。《蜘蛛的腳裡有大腦？》精采地敘述了蜘蛛的各種看家本領，還包括近幾年蜘蛛專家努力研究的新發現。看完後保證讓各位感到「奇怪的知識增加了」，更能體會原來蜘蛛的世界是這麼有趣！

——羅英元，行政院農委會特有生物研究保育中心助理研究員

審訂序——卓逸民（東海大學生命科學系 終身特聘教授）

其實在我閱讀這本書之前，已經讀過中田教授所發表的許多篇蜘蛛行為研究論文。由於我個人也進行蜘蛛的行為生態研究，因此中田教授的研究論文對我們實驗室而言，有非常高的參考價值及啟發。在好幾年前，當我帶著研究生們一篇又一篇地討論中田教授所發表的科學論文時，便對中田教授充滿創意的行為研究有著非常深刻的印象。而我跟中田教授的關係，並不僅止於曾經拜讀過他的大作；在二〇一〇年的十月，當我帶著東海大學的研究生們到澳洲的伯斯參加國際行為生態年會時，便在那裡巧遇中田教授。由於我們都熟悉彼此的研究，也是這個會議當中少見的來自亞洲的蜘蛛學者，因此相見甚歡。我還記得那時跟著中田教授到餐廳一邊用餐小酌，一邊討論彼此研究的情景。在我的印象中，中田教授是一個很內斂、很靦腆的學者。他的個性溫和而謙卑，是一位讓人敬佩的學者。

當我讀完中田兼介教授的書，深刻覺得這是近年難得一見的蜘蛛科普書籍。目前在市面上，關於蜘蛛基本生物學的科普書籍並不罕見；而介紹特定蜘蛛研究主題的學術專書也經常出版。然而，中田教授在這本書中巧妙地結合了兩者，把蜘蛛的基本生物學知識及最新的行為研究成果做了非常好的整理，並用深入淺出、生動活潑的文字，寫成一本老少咸宜的有趣科普讀物，令人敬佩。或許因為中田教授是蜘蛛行為生態的專家，所以他把目前行為研究領域最前端的研究，如蜘蛛的個性，做了非常有趣的說明。相信當讀者們仔細閱讀書中內容後，不僅能夠了解蜘蛛這種動物，進而改變對牠的印象，更能夠藉由中田教授的介紹，而掌握最新的行為科學研究成果。

難能可貴的是，這本書不僅呈現了蜘蛛世界的奧祕及趣味，中田教授更細膩地描述了蜘蛛研究學者的個人心情及心路歷程。研究蜘蛛的人，不管是來自哪個國家，都有著一個共同的特性，也就是當我們遇見同行時，都會對彼此感到份外親切，因此不太會有在學術界常見的同行相忌的氛圍。在某些學術領域，研究課題相近的學者間有時會有高度的競爭性，不容易發展出誠摯的友誼，更不用說在會議場合見面時盡情地把酒言歡。然而，由世界各地「蜘蛛人」所構成的學術社群，或許是因為蜘蛛這種生物對大多數人而言總是敬而遠之；而以蜘蛛為材料進行的研究，大多數也不是跟國計民生有直接相關而得分秒必爭，通常是大家各自進行有興趣的研究，一般而言不太會有慢別人一天發表，就會使研究價值大大降低的競爭現象。因此，在各個由「蜘蛛人」所組成的國際研討會場合，真的就像一個大家庭，來自各國的好朋友們「以蜘蛛會友」，大家彼此享受友誼，以及有趣的研究發現。

身為跟中田教授一樣，當向他人說出自己的職業及研究對象便會看到對方奇怪表情的「蜘蛛人」，中田教授在書中所提供的許許多多生活小故事以及心路歷程，真是令人感同身受，心有戚戚焉！這本書可說是我研究蜘蛛三十幾年來所看過最棒的一本蜘蛛科普書籍，就趕快讓中田教授帶著您一窺奇妙的蜘蛛世界吧！

這個世界屬於生物，春天的草原、退潮後的岩石、月光下的森林、陽光照射的淺海——無論什麼地方都棲息著以自己的方式生活的生物。有些生物不懂得訣竅，必須費盡心思才能存活下來。不過，在人類的眼中，大多數生物都繁榮生長，隨處可見。

蜘蛛就是成功繁衍的生物之一，因為在地球上的所有陸地都有蜘蛛棲息。不只是森林與草原，沙漠、土裡、河邊、沙灘，甚至是人類的家中，都能看見牠的蹤跡。不只如此，有些蜘蛛還會飛，雖然牠們的飛行方式與鳥類、昆蟲完全不同。另外，甚至有些蜘蛛生活在水裡。

蜘蛛在人類生活中隨處可見。以前的日本人認為蜘蛛是一種吉祥的象徵，是家的守護神，因此自古便說：「早上的蜘蛛不要殺。」《古今和歌集》裡還有一首和歌，描述若看到蜘蛛，表示等待之人將來訪。

此外，蜘蛛也成為文人筆下的主角，例如芥川龍之介的《蜘蛛之絲》。現代的日本也將蜘蛛當成裝置藝術看待，六本木新城（Roppongi Hills）就有一個大型蜘蛛裝飾。不僅如此，蜘蛛更化身為超級英雄，家喻戶曉的蜘蛛人就是最好的例子。

順帶一提，蜘蛛人的宣傳標語是「你友善的好鄰居」，相較於其他能力超乎一般人的超級英雄（超人當然超乎常人），蜘蛛人在英雄世界中可說是極具親和力，深受民眾喜愛。

我是一名動物行為學家。世界上有許多埋首研究，想要解開動物行為之謎的人，我也是其中之一。不過，動物有很多種，一個人不可能研究所有動物，因此，每位研究家都有自己擅長的動物。我最擅長的是蜘蛛，我每天都在觀察他（她）們的一舉一動。

我在京都一所女子大學任職，研究室裡養著蜘蛛。我的辦公桌前放著一整排用壓克力板製成的大型飼育箱，只要在野外抓到蜘蛛，我就會放進飼育箱，每天帶著笑容看牠們在做什麼。有時候我會故意鬧「她」們，觀察母蜘蛛會有什麼反應，織出什麼樣的網。

為什麼是「她」，而不是「他」呢？因為公蜘蛛成熟後大多不會結網和覓食，而是集中精力尋找母蜘蛛，繁衍後代。蜘蛛吃葷，以其他動物為食，是一種連異性也不放過的兇猛肉食動物。順帶一提，雖然大家常把蜘蛛棲息的地方稱為蜘蛛巢，但為了與只有棲息作用的巢穴區分，帶有捕食獵物作用的巢稱為「網」。

話說回來，無論是過去或現在，在大學工作除了上課和做研究之外，還有一大堆要做的雜事，一個不小心這些工作就會掉到自己頭上，壓得自己喘不過氣來。在如此「險惡」的環境中，在研究室裡養蜘蛛有一個好處，那就是周圍的人都知道我的研究室裡有蜘蛛，誰都不想來。只要沒人來，就沒有繁雜的工作上門，你們看，蜘蛛果然是守護神呢！

我在女子大學工作，每天都要與討厭蟲子的學生發出的尖叫聲奮戰，不得不說，這個世上討厭蜘蛛的人還真不少。應該說，我活到這個歲數，遇到別人表明「我喜歡蜘蛛」的機會真的少之又少。其中雖然有人只是裝作被嚇到的樣子，但我必須遺憾地說，某種程度上人類天生就害怕蜘蛛。不知道為什麼，就連不知蜘蛛為何的**六個月大的嬰兒，一看到蜘蛛的圖片，也會瞳孔張開，呈現壓力反應……。**

此外，每次跟第一次見面的人介紹自己，說我的工作是研究蜘蛛，對方就會一陣沉默，有人甚至覺得不舒服。蜘蛛明明沒對人類做任何事，卻被當成害蟲看待，由此可見，蜘蛛根本沒有受到善意的對待。我在研究室將蜘蛛養在密閉的飼育箱裡，避免牠們跑出去，即使如此，還是有人不敢靠近研究室。

不過，偶爾會有勇士敲我研究室的門，戰戰兢兢地從打開的門縫塞進文件資料後，立刻飛也似地逃走。害我來不及說：「嘿！等等，不用這麼害怕啊！」只能呆站在原地，手裡拿著一大把對方剛剛塞過來的資料。其實這些蜘蛛很可愛的。

我是在快三十歲的時候接觸到蜘蛛，開始研究牠們。當時我剛好在大學的植物園散步，遇到一隻身材圓滾滾，閃耀著漂亮的銀色光芒，短短的腿互相交疊在一起的蜘蛛，坐在網眼細密美麗的蜘蛛網正中央，可愛的模樣深深吸引了我。

當時的我正在研究螞蟻如何維持自己的社會，時間長達五年，好不容易才拿到博士資格。蜘蛛在我的印象中，是一種腹部又大又軟，有著華麗的顏色，看似脆弱易折的長腳，活動相當靈活的生物。

我卻遇到了跟印象中完全不同的蜘蛛，出乎我的意料之外。我相信大家都曾有過這樣的經驗，人生中發生了一件意想不到的事情，於是決定聽從命運的安排（至少我是如此），當時的我就是這種情形。剛好我的螞蟻研究告一段落，正想找新的研究主題，就遇到這個機緣，於是開始研究蜘蛛。

實際研究之後，才發現蜘蛛真的很有意思。原以為蜘蛛沒有想法，也沒什麼特色，但牠其實每天都想盡辦法捕捉獵物。蜘蛛在我們日常生活中隨處可見，我們卻不了解牠，因此我開始研究蜘蛛。研究之後，才對蜘蛛有更多的了解。原本我研究蜘蛛只是一種直覺，但這種感覺變成了堅定的信念。愈深入研究，我發現自己愈喜歡這個生物。十八到十九世紀的英國詩人威廉・華茲渥斯（William Wordsworth）曾說「真正的知識帶你找到愛」，我深刻體會到這個真理。

我相信那些到我研究室來，丟下工作就跑掉的人，還有一聽到我的研究主題就驚聲尖叫的女大生，如果能了解蜘蛛是什麼樣的生物，他（她）們一定會改變自己的反應與行為。

我是認真的，我這麼說是有根據的。根據一項心理學研究，好萊塢電影《蜘蛛人》（山繆．萊米執導的版本）中，有一幕主角參觀研究室時，有一隻蜘蛛爬到主角身上的場景。受試者只看到這短短的七秒影像，就對蜘蛛改觀，感覺沒那麼害怕。

討厭蜘蛛的人只是因為不了解蜘蛛——世界上很多人都有這種想法，世界頂尖的蜘蛛學家無不透過科學咖啡講座或體驗型研討會，向眾人宣揚這種八腳生物的魅力。專家認為，尤其是像與人類之間有著微妙距離的蜘蛛，更需要這些活動。

蜘蛛的魅力究竟是什麼？牠不像鯨魚那麼龐大，也不像小鳥有婉轉悠揚的叫聲，更不像小狗那般親人，也不像魚那麼好吃，外觀也不如鍬形蟲帥氣。

個人認為，**蜘蛛的魅力在於牠的智慧與複雜度**。蜘蛛是靠獵捕其他動物維生的獵食者，為了順利捕捉獵物，牠們利用蜘蛛絲製作陷阱，利用曼妙的舞姿吸引獵物注意。為了使出更多技能，牠們從經驗中學習，學會預測未來，蛻變出極具彈性的生活型態。看到牠們的生活方式，我忍不住想，蜘蛛似乎有牠自己的想法。這個世界或許就是充滿了蜘蛛「思」。

我們人類與蜘蛛有些部分相同，有些部分看似相同其實截然不同。因此，我長期觀察蜘蛛，發現人類的生活方式絕對不是唯一的，而是眾多可能性之一罷了。這種原本堅信的世界瞬間崩壞的感覺，只要體驗過一次就無法自拔，這就是蜘蛛之於我的魅力所在。

蜘蛛就在我們的生活周遭，我們卻敬而遠之，我希望能拉近人類與蜘蛛的距離，這是我撰寫本書的目的。我在本書中會先與各位聊聊蜘蛛與人類的關係，也會介紹蜘蛛是什麼樣的生物。後半部則將針對蜘蛛的生活方式，比較與人類的相似與相異處。衷心希望看完本書後，能有愈來愈多人不再討厭蜘蛛。

對了，或許是因為我的「傳教」行為奏效，最近有愈來愈多人來到我的研究室，害我的桌上堆滿了再不整理就要崩塌的文件資料。唉！

蜘蛛的腳裡有大腦？ 目錄

本書登場的蜘蛛主角群

赤背寡婦蛛

眾所周知的外來種，被咬中就會中毒，後果不堪設想。公蜘蛛在交配後會自動獻身，成為母蜘蛛的食物。

棲息地：整個日本幾乎都能看到其蹤影，會在自動販賣機下方等有遮蔽的低矮處結網。
大小：母蜘蛛 7-10mm、公蜘蛛 4-5mm

橫帶人面蜘蛛

以防禦用的絲在前後結出網眼細密的圓網，屬於大型蜘蛛。十月達到性成熟，在秋季繁殖。

棲息地：在台灣的低及高海拔森林可看到牠們的蹤跡，通常會在冬天及春天時出現。
大小：母蜘蛛 20-30mm、公蜘蛛 6-10mm

假銀塵蛛

結出圓網後，頭部朝上休息。每一隻身上的顏色圖案都不一樣。交配時公蜘蛛會破壞母蜘蛛的交配器。

棲息地：在台灣，常結網於低海拔地區的灌叢。
大小：母蜘蛛 4-7mm、公蜘蛛 3-4mm

大腹鬼蛛

在夜晚結出大圓網，早上收網隱藏自己的身影，屬於夜行性蜘蛛。每一隻身上的顏色圖案都不一樣。

棲息地：是台灣低海拔地區人工及自然環境非常常見的蜘蛛。
大小：母蜘蛛 20-30mm、公蜘蛛 15-20mm

THE MAIN SPIDERS THAT APPEAR

狼蛛 *（星豹蛛）

母蜘蛛會將卵囊掛在自己的腹部帶著走，保護自己的孩子。從卵孵出來的小蜘蛛就這樣掛在媽媽的肚子上，生活一陣子。

棲息地：在台灣低海拔地區的草地很容易發現牠們的身影。

大小：母蜘蛛 6-10mm、公蜘蛛 5-9mm

悅目金蛛

結網型蜘蛛

結出大型圓網，上面還有白色的 X 型裝飾。七到八月可看見成熟的個體，屬於夏季蜘蛛。近年來數量逐漸減少。

棲息地：在台灣，牠們主要棲息在低海拔山區的灌叢。

大小：母蜘蛛 20-30mm、公蜘蛛 5-7mm

蠅虎 *（條紋蠅虎）

與安德遜蠅虎一樣，都是家中常見的跳蛛。公蜘蛛身上的圖案十分華麗，母蜘蛛的顏色很樸素。

棲息地：會出沒於台灣低海拔地區的住屋中。

大小：母蜘蛛 8-9mm、公蜘蛛 6-7mm

蟹蛛 *（陷狩蛛）

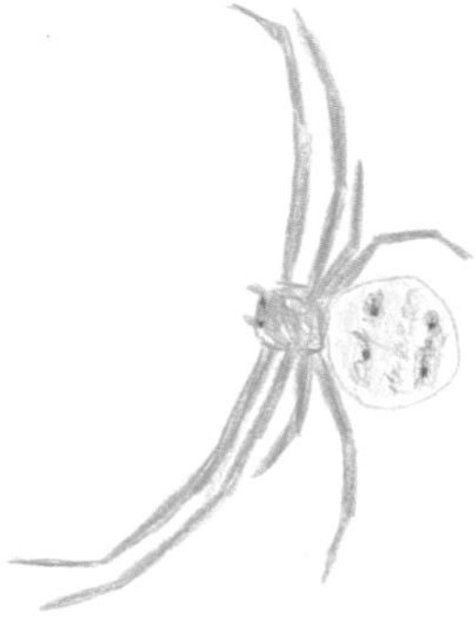

會在植物上埋伏，將長腳張得大大的，捕捉停在花朵上的昆蟲。頭胸部與腳部都是美麗的綠色。

棲息地：常見於台灣低海拔地區的森林、公園或校園的灌叢。

大小：母蜘蛛 4-6mm、公蜘蛛 3-4mm

*含有多種類的族群總稱，此處只取其中一種說明。

第1章

蜘蛛與人類不可思議的關係

蜘蛛可以療傷治病？

人類自有歷史以來，就不斷嘗試借助蜘蛛與生俱來的卓越能力，提升我們的生活品質。

以醫療為例，在歐洲和印度某些地區的人們想要止血或治療輕傷時，會拿蜘蛛網按壓傷口。我記得在莎士比亞的《仲夏夜之夢》中，也有一段劇情用到蜘蛛，相傳古希臘與羅馬士兵也會用蜘蛛網止血。

有趣的是，現代人不認為那些傳說只是迷信，如今已經有藥廠認真地研究蜘蛛絲，將蜘蛛絲做成軟膏，用來治療傷口，或利用蜘蛛絲的蛋白質製成敷料，覆蓋在傷口上加速痊癒時間。

當然，也有科學家研究蜘蛛毒，他們想將蜘蛛毒製成對人類有用的東西，賺取大把金錢。雖然我在這裡使用「毒」這個字，但某種物質被稱為「毒」，是因為它進入生物體內會發揮不好的作用；同樣的物質若在生物體內會發揮好的作用，就被稱為「藥」。

舉例來說，有些藥草為了避免被昆蟲吃掉，會在葉片製造各種化學物質，這些化學物質對人類來說是藥草的有效成分。同樣是化學物質，對昆蟲來說是「毒」，對人類來說是「藥」。像是芋螺內含的毒素，就被人類拿來做成鎮痛劑。

那蜘蛛又是如何？蜘蛛獵食的對象是各種不同的昆蟲，牠們的身體構造都不一樣。有時蜘蛛會捕捉體型比自己大的獵物，這個時候蜘蛛必須立刻癱瘓獵物。

蜘蛛毒是由蛋白質、好幾個胺基酸形成的胜肽，與其他小分子等多種物質混合而成，目的就是為了在各種獵物上都能迅速發揮效用。不過，科學家至今都還不清楚，蜘蛛毒含有的每一項物質，會對人體造成什麼樣的結果。我相信其中一定包含有助於預防或治療疾病，調理身體健康，讓我們充滿活力的物質。

蜘蛛絲可以釣魚

蜘蛛絲也會被用來捕魚。

我前一陣子到紐西蘭參加國際蜘蛛學會會議，全世界的蜘蛛學家都會在這場會議發表研究成果，或是交換一些尚未整理成學術報告的相關資訊，促進學者交流。上次開會已經是三年前，我這次參加的會議總共有兩百人左右出席。＊

我趁著會議空檔前往當地博物館參觀。紐西蘭最知名的就是毛利人，因此博物館中展示著大量與毛利人有關的展覽，包括玻里尼西亞人從太平洋的各個島嶼，輾轉來到紐西蘭的歷史，還有除了玻里尼西亞人之外，其他族群在各個島嶼上開花結果的多樣性文化。

其中之一是盛行於部分所羅門群島，以蜘蛛網捕魚的漁業文化。我上前仔細一瞧，發現展場中有一個比拇指套大一圈，看似用褐色毛氈製成的手工物品。根據一旁的文字解說，那是用森林中纏繞在樹枝上的蜘蛛網製成的。這個套子的作用類似於釣魚用的假餌（路亞假餌）。

划著獨木舟出海的漁夫揚起風箏，讓風箏飛到離獨木舟較遠的海面上。風箏垂掛著釣魚線，釣魚線的前端串著一個由蜘蛛網做成的筒狀假餌，讓假餌漂在水面附近。漁夫鎖定的目標是鶴鱵，那是一種身體前方長著長長的尖嘴，嘴裡還有無數銳利尖牙的魚。鶴鱵只要咬住假餌，蜘蛛絲就會纏住鶴鱵的牙齒，即使沒有

審訂注——＊此次會議也有數名台灣的研究生參與並進行研究成果報告，其中有一位還獲得學生論文海報比賽優勝。另外，台灣在二〇一三年也主辦過國際蜘蛛學會會議，地點在墾丁福華飯店，有來自將近五十個國家、兩百餘位人員參加。

魚鉤也能將魚釣上來。蜘蛛絲的強度是自然界中最強的，不管被蜘蛛絲纏上牙齒的鶴鱵多激烈反抗，蜘蛛絲也不會斷裂，是最適合的釣魚工具。

根據二十世紀初探險家留下的文獻資料，鄰近所羅門群島的新幾內亞人也會使用蜘蛛網捕魚。他們將樹枝彎成大圓框，再讓蜘蛛在裡面結網，做成一個看起來像是大型網球拍的工具，並用它來捕魚。

不瞞各位，我在採集完整的蜘蛛網時，也曾用過類似方法。我會用鐵絲彎成比蜘蛛網圓形部分再大一點的框，將框壓在蜘蛛網上。如此一來，用來支撐蜘蛛網、三百六十度往外延伸的蜘蛛絲就會碰觸到圓框，接著再用玻璃紙膠帶固定，切斷框以外的蜘蛛絲。這個做法可以採集到完整的蜘蛛網，連同鐵絲框一起帶回家。

這個方法是朋友教我的，無論是二十世紀初的新幾內亞或現代日本，人類的想法都相去不遠。順帶一提，我還沒用蜘蛛網捕過魚，但在這個糧食危機可能來襲的世界，我已經偷偷設立目標，要好好運用這項

在新幾內亞發現的捕魚網，以蜘蛛網製成。

技術。

事實上，有些工業製品也使用蜘蛛絲製成，例如來福槍使用的遠程瞄準器。從瞄準器看出去會看到一個十字線（天體望遠鏡也有相同的十字線），由於子彈會射向十字線交會的點，因此將交會點對準目標再扣下板機，即可命中目標。話說回來，這個十字線就是用蜘蛛絲做的。為了避免阻礙視線，十字線一定要用很細的原料製作，但也不能太脆弱，不小心斷裂也很麻煩。蜘蛛絲的直徑只有幾微米（一公釐的數百分之一），卻擁有自然界最強的強韌度，最適合拿來做成十字線。

蜘蛛絲做成的絲襪

說到要用蜘蛛絲做成物品，我最先想到的是衣服或身上穿戴的東西。位於美拉尼西亞的萬那杜人就是用蜘蛛絲做出圓錐形頭巾（太平洋擁有擅長利用蜘蛛的文化）。就像新幾內亞的捕魚網一樣，萬那杜人以竹子做框，取下人面蜘蛛織的網，重複好幾次之後，讓蜘蛛絲層層交疊在一起，質地就像布。

近代以來，開始出現以蜘蛛絲製成布製品的具體紀錄。最早的例子是十八世紀初的法國人，利用蜘蛛絲編織成三組手套和襪子，一組送給倫敦皇家自然知識促進學會，一組送給法國科學院，一組送給法國國王路易十四。這個時期的絲是從卵囊取的，卵囊是蜘蛛編織來放卵、保護卵的袋子。該名法國人收集許多卵囊，像蠶繭一樣水煮後梳開取絲。據說當時取出了四百公克的絲。

此外，該名法國人也在熱帶從蜘蛛網收集許多細緻美麗的蜘蛛絲，送給路易十四。當時他想成立全新產業，於是用蜘蛛絲做了手套，沒想到一戴上就破了好幾處。比起卵囊的絲，蜘蛛網的絲更細，儘管蜘蛛絲的強度是自然界中最強的，但直接使用太細，無法展現足夠的強韌度。

到了十八世紀後期，耶穌會的祭司想出一個從活蜘蛛身上直接取絲的方法。他將蜘蛛身體最細的地方固定在類似斷頭台的裝置上，這麼做是避免身體前半部的腳碰到從身體後方吐出的絲，讓蜘蛛無法自己將絲切斷。接著只要用手輕輕碰觸蜘蛛吐絲的地方，蜘蛛就會開始吐絲，最後只要將絲捲起來即可，這個做法可以清空蜘蛛肚子裡的絲。他在取絲

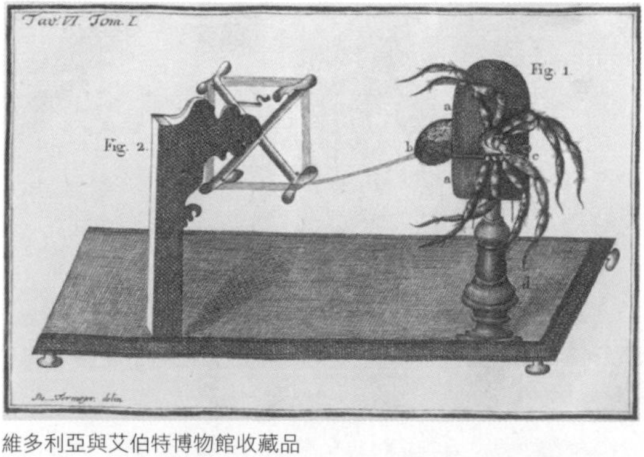

維多利亞與艾伯特博物館收藏品

耶穌會的祭司想出從蜘蛛身上取絲的裝置。

之後做成絲襪，送給當時的西班牙國王卡洛斯三世，但沒有任何文獻記錄下國王對這雙絲襪的反應。

「以蜘蛛絲做衣服」的野心

到了十九世紀，倫敦出現了利用蒸氣捲蜘蛛絲的機器。據說只要調整捲絲速度，就能避免蜘蛛用自己的腳切斷絲，直接將蜘蛛放在掌心就能取絲。

不僅如此，馬達加斯加成立了以蜘蛛絲試做布製品的工廠。在那裡他們將蜘蛛放進一個火柴盒大小的容器，直向四列、橫向六排地擺放。總計二十四隻蜘蛛同時吐絲，由一個紡車將所有的蜘蛛絲收集在一起，這麼做可以提高強度。後來他們從兩萬五千隻蜘蛛取絲，製成了一床長十六公尺、寬四十五公分的天篷，這床天篷還曾在巴黎的世界博覽會展出。據說一隻蜘蛛可以取一百五十到六百公尺的蜘蛛絲。

馬達加斯加使用的蜘蛛取絲裝置。

不過，將之量產的計畫最後宣告失敗，實在令人遺憾。工廠製作的產品必須穩定供應大量原料，也就是蜘蛛絲。為此，工廠必須飼養大量蜘蛛。但蜘蛛幾乎都是獨立生活，而且是不挑食的肉食性動物。即使是同種類的蜘蛛，養在一起也很可能吃掉彼此。因此，如果像蠶一樣，將大量蜘蛛養在狹小空間裡，數量很快就會減少。這樣的生態很難實現有效率的生產模式。

即使困難重重，依舊無法阻擋人類想利用天然蜘蛛絲製作衣服的夢想。進入二十一世紀之後，有人重新運用馬達加斯加的技術，製作出真正可穿的蜘蛛絲斗篷。當時他花了四年以上的時間，投入三十萬英鎊（約一千一百萬台幣）的資金，耗費六千小時的工時，使用了總計超過一百萬隻人面蜘蛛。

這件金黃色斗篷（人面蜘蛛為了吸引獵物，吐的絲會不時變成黃色）曾在多個博物館展出，引起熱烈話題。儘管這件斗篷無法量產，卻是一件珍貴的藝術品。

人類想用蜘蛛絲做出便宜的衣服，這個夢想因為現

以天然蜘蛛絲製成的斗篷。

提供：alamy

實的阻礙遲遲無法實現。但二十世紀末，基因工程帶來了突破困境、實現夢想的一道曙光。

無法供應大量蜘蛛絲的問題本質，在於蜘蛛既有吐絲的優秀本能，又具備只要是獵物就會捕食的肉食動物天性。因此，**人類嘗試將蜘蛛的基因放入其他生物中，製造出蜘蛛絲的蛋白質，將這兩種特質分離開來。**

結合的對象包括大腸菌、酵母、蠶，甚至是山羊等哺乳類動物，如今人類已經慢慢製作出以人工蜘蛛絲製成的商品。這類商品偶爾會在網路上掀起話題，相信各位多少都有看過。

為蜘蛛施打興奮劑

人類可以透過網路將散布在世界各地伺服器上的文件，透過連結互相串聯起來。這個系統稱為「全球資訊網」（World Wide Web），而且這個**「Web」原本指的就是「蜘蛛網」。**如今這張蜘蛛網早已覆蓋整個世界，人類沒有這張網還真的活不下去。

真正的蜘蛛網結構相當複雜，也很精緻，其中尤以圓網為甚。此外，結網空間的形狀各有不同，有時相差甚遠，蜘蛛卻不受影響，依舊能配合空間結出美麗的網。姑且不論腦容量較大的人類，大型蜘蛛最重也不過幾枚一圓硬幣的重量，小型蜘蛛還只有幾毫克，可以結出如此巧奪天工的網，實在令人敬佩。

不只是蜘蛛，動物行動時會善用視覺、聽覺與觸覺等各種感官，收集周遭資訊，在腦中迅速分析解讀，採取最恰當的行動。蜘蛛可以結出複雜的網，代表牠在結網時可以極度精準地控制身體的一舉一動。

話說回來，動物的動作十分迅速，一轉眼便消失無蹤。因此，在攝影技術發達前，科學家很難詳細研究動物的每個動作。但蜘蛛結網的絲是在蜘蛛走過後才定型的，也就是說，只要研究網的形狀，就知道蜘蛛是按照什麼順序採取哪些行動。蜘蛛網的形狀反映出蜘蛛的行動。

有鑑於此，我們經常利用蜘蛛網，研究動物的行為會因為什麼樣的條件，產生什麼樣的變化。

其中最常做的，就是研究藥物對行為產生的影響。例如精神安定劑、抗焦慮藥、LSD（一粒沙）、興奮劑、安眠藥，甚至是迷幻蘑菇含有的成分等，任何匪夷所思的藥物，科學家都會施打在蜘蛛身上，研究牠們用藥後會結出什麼樣的網。人類的做法真的很對不起蜘蛛。

我剛剛說的研究主要盛行於第二次世界大戰後的二十年左右。直到今日，偶爾還會有電視台的企畫來找我，告訴我他們想做「利用咖啡因或酒精迷醉蜘蛛，讓蜘蛛結出奇奇怪怪的網」這類內容的節目，希望我能提供意見。真的不曉得他們是從何處得知這樣的資訊。奇怪的是，每次電視台的人來找我的時候都是冬天。在寒冷的季節裡，就算我想抓也抓不到蜘蛛，所以我每次都跟他們說：「請在夏天時再來找我。」後來就會不了了之。

人類之所以對蜘蛛展開藥物研究，是因為某位研究家想將蜘蛛結網的過程收錄在電影裡，這一點倒是令人玩味。蜘蛛通常都是在早上四點開始結網，這對人類來說是最難清醒的時間。因此，那名研究家想到，是否可以透過用藥的方式，改變蜘蛛的生理時鐘？

這件事發生在一九四八年，當時的人們認為，科學的力量可以控制一切。研究家為蜘蛛施打番木鱉鹼、嗎啡，發現牠還是在早上四點開始結網。不過，結出來的網形狀相當奇妙，於是開啟了新的研究主題。

雖然這類研究到一九七〇年代就式微了，二十世紀末期，美國太空總署（NASA）突然又進行類似的研究，還得出**「投予的藥物毒性愈強，蜘蛛網的形狀就愈歪斜」**的結論。近年來即使是老鼠的動物實驗，也不會投予藥物，進行非人道的研究行為，不知道為什麼，他們對蜘蛛卻是另一套標準。明明都是動物，為什麼老鼠不行，蜘蛛就可以非人道地對待？我真的很不能理解……。

蜘蛛比人類還早上太空

提到美國太空總署，就會想到開發外太空。事實上，蜘蛛和外太空有著不可分割的關係。各位可能不知道，到目前為止，已經有十六隻蜘蛛上過太空。順帶一提，直到二〇一九年，上過太空的日本人只有十二名。

蜘蛛第一次擺脫地球重力的束縛是在一九七三年，比第一位上太空的日本人還早將近二十年。當時第一批太空蜘蛛安妮塔（Anita）與阿拉貝拉（Arabella）（牠們都是結圓網的十字園蛛），和三名太空人一起搭乘阿波羅太空船出任務，前往美國太空總署在一個半月前打上軌道的太空實驗室（Skylab）。

在這次長達兩個月的任務中，太空蜘蛛要證明她們在太空也能結網。美國太空總署想了解無重力對動物造成的影響，他們學習了前述的藥物研究後，選擇了蜘蛛為實驗對象。

事實上，這項計畫曾經在六〇年代末期被提出來，但很快就沒人提起。沒想到後來展開太空實驗室計畫，美國太空總署向高中生徵求太空實驗的創意，收集到的三千四百件提案中就有同樣的內容。由於是先前提過的計畫，因此這項創意很快被採用，再度搬上檯面。

太空蜘蛛抵達太空實驗室後，太空人首先將阿拉貝拉從旅行用的小瓶子，移入結網裝置中。她從未待過無重力環境，因此一開始是「游」出來的，手腳極度不協調，游得很辛苦。兩天後，阿拉貝拉成功結網，在那之後的三個星期，她在設備裡結了好幾次網，如常地生活。

後來阿拉貝拉完成任務，回到瓶子裡，改由安妮塔開始工作。她也會結網，但結出來的網較小，形狀也不規則。她自從上太空後，只吃了一隻蒼蠅，太空人還在蜘蛛網上放了兩次牛柳（不過蜘蛛不吃），這些食物都是之前一起帶來的。換句話說，安妮塔可說是一個月都沒吃東西，或許是這個緣故，結出來的網才不好。

安妮塔與阿拉貝拉後來完成了任務，可惜她們沒能回到地球。安妮塔留在實驗室，阿拉貝拉在回到地球的過程中逝世，兩者都因為脫水死亡。在剛開始進行宇宙開發的時代，對蜘蛛來說那樣的環境過於嚴酷，很難生存下來。

後來進入太空梭時代，美國太空總署有更多空間運送物資到外太空，開啟了另一項計畫，讓太空人嘗試孩子們的創意。這次還是選擇了蜘蛛。他們決定重新執行太空實驗室計畫，研究調查更詳細的項目。

時間是二〇〇三年，澳洲一群十四到十五歲的孩子，想出了一個讓哥倫比亞號太空梭進行的實驗。孩子們準備了八隻蜘蛛，其中包括發生意外時可以上場代打的二軍，他們還將果蠅的蛹塞入寒天中，做成自動餵食器，等果蠅羽化就給蜘蛛吃，而這次的任務是要讓牠們能在外太空航行十六天後返回地球。他們還準備了比太空實驗室時代性能更好的相機，拍下蜘蛛網的照片和蜘蛛的行為。

實驗進行得相當順利，可惜後來發生了一場悲劇。搭載蜘蛛的任務是哥倫比亞號太空梭最後一次的飛行。由於耐熱板破洞的關係，太空梭在進入大氣層時在空中解體，七名太空人全部罹難，珍貴的太空蜘蛛也跟著喪命。

史上活得最精采刺激的蜘蛛

後來蜘蛛分別在二〇〇八年與二〇一一年，再出了兩次太空任務。這兩次的任務各有兩隻蜘蛛留在國際太空站生活，除了進一步詳細研究蜘蛛在太空結網的情形，還要了解蜘蛛可以在太空環境活多久。結果顯示，蜘蛛們都在太空站活了幾個月，以果蠅為食。

至於蜘蛛網的形狀，在過去的四次任務中，在太空結的網都與在地面結的網略有不同。基本上在有重力的世界裡，為了盡可能捕捉獵物，圓網的上半部和下半部的大小與形狀有所差異。當獵物黏在蜘蛛網上時，下半部較大的圓網方便蜘蛛迅速移動。此外，蜘蛛網下方的網眼較密，黏著性較強，遇到獵物不小心撞到網子往下掉，也能讓獵物停在下方的網子上。總而言之，蜘蛛網雖然乍看之下是圓網，但仔細觀察就會發現上下不對稱。

不過，蜘蛛在太空站結的網，形狀比地面上結的網工整、對稱，整張網的大小和網眼細密完全一樣。不知是否因為蜘蛛分不清哪個方向是天、哪個方向是地？或者是太空站不會有獵物掉下來，所以不需要變化上下的形狀？目前仍不清楚箇中原因，不過，可以確定的是，重力會影響蜘蛛結網。

二〇一一年上太空的蜘蛛中，有一隻成功返回了地球。而二〇一二年也有一隻成功前往太空並回到地球的蠅虎。那是一隻名為「娜芙蒂蒂」（名字是由提案的十八歲埃及少年取的，以古埃及女王的名

待在國際太空站的蠅虎娜芙蒂蒂（Nefertiti）。

©International Space Station 2012

字命名）的蠅虎。她與另一隻蠅虎在YouTube和谷歌（Google）的贊助下前往國際太空站，證明不結網的蜘蛛也能靠餵食的方式，在外太空生存。娜芙蒂蒂順利完成了長達一百天的任務。二〇一二年，美國太空總署展開了太空站商業補給服務，娜芙蒂蒂搭乘第一艘載貨型太空船平安降落在太平洋海面上。後來她在地球過了一個月多一點的時間，接著到史密森尼學會的博物館展示。遺憾的是，在展示五天後，娜芙蒂蒂便香消玉殞。無論娜芙蒂蒂「本蛛」是否意識到這件事，但她絕對是史上活得最精采刺激的蜘蛛。

從傳統的醫療到最先進的太空開發，蜘蛛在人類世界中極度活躍，從這一點來看，人類和蜘蛛之間可以和平相處，帶有天馬行空的異趣。儘管蜘蛛隨處可見，卻與人類沒有直接的利害關係，或許是這個緣故，蜘蛛才能有如此特殊的待遇。

專欄

蜘蛛命名也講究時尚感

我很不擅長記人名，全班才十五名學生，我卻要花半學期的時間才能全部記住。非認知能力與溝通能力一直是大學老師最重要的特質，對身為大學教授的我來說，記不住人名可說是最致命的缺點。我可以理解外界希望大學老師親切和善、熱心助人的心情，但記不住人名，實在很難照顧好每一位學生。不過，我要為自己辯護，雖然我記不住人名，但我分得清誰是誰。只是我沒辦法將個人特質，與單純地做為記號卻和現況毫無關係的名字連結在一起。如果可以稱學生「大眼睛」這類從外觀特徵取的名字，那該有多好。

我也很不善於記生物的名字，不過，生物的名稱大多根據物質基礎客觀命名，充滿即物主義的風格，比人類的名字好記多了。像是「白粉蝶」，不就是蝶如其名嗎？

蜘蛛的世界也有許多即物性的名稱，塵蛛就是其中一例。這種蜘蛛會將吃剩的獵物殘骸留在蜘蛛網上當裝飾（所謂的塵），蜘蛛學家基於這項特性才取這個名字。還有皿蛛，牠們結的網就像盤子倒過來一樣，因此得名。華南壁錢的日文漢字名稱為平蜘蛛，牠們的身體呈扁平狀。你看！這樣的名字連我也記得住。

話說回來，蜘蛛的命名不只是對於外型的描述，也有許多聽起來充滿時尚感的名字。只要接觸久了，這類名稱也令人感到驚喜。

以假銀塵蛛為例，牠是吸引我投入蜘蛛世界的契機。假銀塵蛛的日文漢字名稱是「銀鍍塵蜘蛛」，若想描述這是一種銀色的塵蜘蛛，只要取名「銀塵蜘蛛」即可，名稱中卻刻意加上了「鍍」這個字。的確，這種蜘蛛的銀色散發著金屬光芒，但也有許多生物的體色帶有金屬光澤，牠們的名字都沒有「鍍」這個字。這種用心的態度就是文化的體現。

蜘蛛的名稱還有另一項特色，那就是使用了其他動物的名字，不過，我不清楚這麼做的原因。鳥類是常用的名稱之一。鷲蛛科（又稱平腹蛛科）是蜘蛛中很大的一科，底下有鷂蛛屬（日文漢字名，中文屬名為單蛛屬）以及鳶蛛屬（日文漢字名，中文屬名為絲蛛屬）。以鳶蛛結尾的還有東雲鳶蛛（日文漢字名，中文名稱為亞洲希托蛛）與黃昏鳶蛛（日文漢字名，中文名稱為短昏蛛），這些名稱擺在一起簡直讓人想唱歌。

其他還有黑尾塵蛛（日文名稱為カラスゴミグモ，カラス是烏鴉的意思），這是一種全身黑的塵蛛，日文名稱カラスゴミグモ乍看之下確實具有即物性，但仔細一想就會發現，命名者刻意用烏鴉來表現黑的意象，真是充滿詩意啊！還有一種蜘蛛叫鳥糞蛛（日文名稱是鳥

の糞騙し），這種蜘蛛看起來真的很像鳥糞，可說是「蛛」如其名。

甲殼類也是熱門選項。蟹蛛的腹部很大，前腳往旁邊生長，牠的名稱應該是從體型聯想而來的。還有一種蜘蛛的日文名稱是ガザミグモ，ガザミ是梭子蟹的意思，直譯就是梭子蟹蜘蛛，其中文名稱為波狀截腹蛛。其他還有エビグモ，中文名稱是蝦蛛；還有シャコグモ，直譯是蝦蛄蜘蛛，中文名稱為長蝦蛛；ヤドカリグモ，直譯是寄居蟹蜘蛛，中文名稱為狼蝦蛛，可以想像幫牠們取名有多好玩。哺乳類的貓、鼬、野豬也是常用來為蜘蛛命名的名字。

有一種蜘蛛叫ワスレナグモ，直譯是勿忘我蜘蛛，中文名稱為痣硬皮地蛛。這種蜘蛛很罕見，第一次被發現之後，人類一直無法再發現第二次，為了不要忘記這種蜘蛛，才取這個名字。

沒錯，生物的名字都蘊藏著命名者的心願。我相信每個學生的名字，也蘊藏著父母對他的期望。我也是這樣，所以我能理解。想到這一點，我好像也不能一直哀號著「記不起學生的名字」。我決定奮發圖強，拿出點名簿好好審視一番，結果發現，要正確唸出現代風格的名字，根本就是一大挑戰……。

蜘蛛二三事

第2章

蜘蛛毒幾乎對人體無害

每到冬天就要吃螃蟹。打開腹部的殼，將腳剁下來，再剝開殼，挖出裡面的肉，沾上白醋大快朵頤。至於剩下的身體部分，則將殼剝下，舔乾裡面的蟹膏。真是無比美味啊！

螃蟹是節肢動物，顧名思義，螃蟹腳的外殼很硬，裡面充滿柔軟的肉，由好幾處具有彈性的關節串聯起來，形成節。節肢動物的身體是由上下左右四塊板狀角質層圍起固定，而身體也有節。想了解身體的節，不妨來吃蝦子吧！從腹部剝下的殼共有六塊，每一塊都以節連在一起。節肢動物還包括昆蟲、木蝨、蜈蚣，牠們的身上都有節。

蜘蛛和螃蟹、蝦子一樣，都是節肢動物。從外表看，蜘蛛不像蝦子身體有節，那是因為節已經在演化過程中連在一起。在一些比較原始的蜘蛛身上，還可以看到節。

連在一起的節可以大致分為相當於頭部和胸部的頭胸部，以及後半部的腹部

審訂注——在台灣，四百多種已知的蜘蛛中，毒性對人體有危險的是上戶蜘蛛科的種類，在台灣共有三種，其中以巨型上戶蜘蛛特別危險，在台灣北部曾有人被其咬傷需住院治療之案例。

等兩大部分。頭胸部上有顎部、口器，而大多數種類的蜘蛛有八隻眼睛，還有八隻腳，兩者都是八純屬偶然，蜘蛛腳上的節則是七個。在身體後半部的有消化管、呼吸器、心臟等內臟器官，吐絲的器官長在腹部末端往外突。

蜘蛛口器兩旁各有一隻大牙，那是由腳演化而成的。牙的內部有分泌腺，會分泌出蛋白質毒素，只要咬住獵物，就會從牙裡的腺管將毒素注入獵物體內。

雖說有毒，但許多蜘蛛毒性對人類無效，各位無須擔心。即使如此，蜘蛛還是有牙，被大型蜘蛛咬到就像是被針刺到那樣的感覺。有些蜘蛛的毒性對人類有致命危險，例如赤背寡婦蛛，不過牠們不認為人類是獵物，所以不會刻意去咬人類。只要我們不主動接觸，不讓蜘蛛覺得受到威脅，就不會有任何危險。*

除了蝦子、螃蟹之外，還有各種不同的節肢動物，包括和蜘蛛很像的蠍子與蜱蟎，以及相似度較低的遠親中華鱟。牠們的祖先原本生長在海裡，後來有一部分來到陸地生活，演化成蜘蛛，另一部分則在

白額高腳蛛的牙（鋏角）。蛻皮殼的照片

海裡演化成中華鱟。不過，最近出現了另一種說法，認為中華鱟是上陸後的蛛形綱生物返回海裡演化而成，學界對此爭論不休。莫非中華鱟走的是鯨魚的演化路線？

蜘蛛出現在三億年前

姑且不論中華鱟是怎麼來的，蜘蛛的祖先比有脊椎的人類祖先還早到陸地生活，時間大約是三億八千萬年前。考古學家發現了外形類似蜘蛛的生物化石，帶有細長的身體加上八隻腳、長長的尾巴和吐絲器官。人類最早發現到與現在的蜘蛛長得一模一樣的蜘蛛化石，則是三億年前，當時連恐龍都還沒出現。蜘蛛最早出現時，大多數都是棲息在土裡的洞（節板蛛科、螲蟷科等），或是在地面、葉片鋪上一層絲生活，過了一億年後，才演化出在空中吐絲結圓網的蜘蛛（渦蛛科、金蛛科等）。後來，其中一部分蜘蛛改變結網的形狀，直到距今一億年前，出現了結華蓋網的族群（皿蛛科），以及從各個方向吐絲並交織出立體網的種類

（姬蛛科）。結立體網的蜘蛛也有的會在高處做巢，將前端帶有黏性的蜘蛛絲垂到地面，像釣魚那樣釣起在地上行走的獵物。

大多數不結網的蜘蛛都是後來才出現的

儘管如此，結網捕捉獵物的蜘蛛種類只占整體的一半，剩下的蜘蛛有的是在地面行走，或是在不同地點埋伏獵食。最具代表性的就是蠅虎科蜘蛛。

蠅虎科是小型蜘蛛中，種類最多的科。蠅虎科又稱跳蛛科，英文是Jumping spider，顧名思義，這種蜘蛛會跳躍移動，尋找獵物。某些蠅虎科蜘蛛視力絕佳，經常出現在家中。如果牠出現在電腦螢幕上，此時只要移動游標，牠就會以為游標是獵物，在螢幕上跳啊跳的，看起來十分可愛。

此外，狼蛛科的母蜘蛛會帶著卵或小蜘蛛移動，保護並養育小孩；三突花蛛等蟹蛛科的蜘蛛會在花朵埋伏，獵捕前來吃花蜜或花粉的蜜蜂，上述兩種蜘蛛都不會結網。

這類不結網的蜘蛛，是在蜘蛛演化史的後期才出現。對於牠們是如何演化而成的，研究學者至今仍有不明之處。但根據一項有力的說法，**不結網的蜘蛛是由部分結網的蜘蛛演化而來，牠們放棄了結網的能力。**

不結網的蜘蛛大約是在一億兩千五百萬到一億年前，陸地開始出現愈來愈多螞蟻和甲蟲類的時期誕生的。螞蟻和甲蟲都不善於飛翔，或許是這個原因，一部分的蜘蛛才會放棄結網，演化出在地上迅速行走的能力。

這個時期還發生了另一個生物史上的重要事件，那就是演化出開花植物（被子植物），被子植物利用昆蟲運送花粉，提升製造種子的效率。

昆蟲是花的貴賓，為了留住重要的客人，植物只招待部分昆蟲，長久下來，植物與昆蟲都演化出新的物種。專家認為蜘蛛因此連帶受惠，演化出各種不同的形態（受到溫室效應的影響，這個時期地球變得溫暖，促使蜘蛛愈來愈多）。**蜘蛛種類隨著花卉演化而增加**，沒想到看似不相關的兩件事竟有如此的因果關係。

蜘蛛共同的特徵就是善於利用蜘蛛絲和肉食性

經過好幾億年的時間，不同種類的蜘蛛演化出完全不一樣的特性。不過，蜘蛛畢竟是蜘蛛，除了身體構造外，還有共通的特質，那就是會利用以蛋白質製成的蜘蛛絲。

昆蟲也有許多像蠶一樣會吐絲的族群，有些雙殼綱與鉤蝦也會吐絲。但所有動物中，最擅長用絲的還是蜘蛛。

蜘蛛絲分成好幾種，包括用來結網的、用來纏繞獵物的、用來包卵的，甚至是在空中行走時當鋼索用的，蜘蛛會配合目的製作出具不同化學組成及物理特性的絲。＊蜘蛛用來製造絲的腺體「絲腺」最多有七種。其他動物，像是蠶這類對人來說很重要的昆蟲也只有一種絲，因此蜘蛛用絲的技巧已經到了其他動物無法比擬的境界。

另一項幾乎所有蜘蛛都有的特質，就是會吃其他動物的「獵食性」。昆蟲是

審訂注——對某些結網型蜘蛛而言，他們所製作的絲並不是一成不變的，而是會隨時調整絲基因的表現以及紡織過程，產生化學成分及強度、彈性甚至是粗細不同的絲來面對環境的變化。台灣團隊近年來的研究發現蜘蛛會因著獵物的種類、蜘蛛自身飢餓程度，甚至是風力強弱來調整絲的性質。

主要的獵物，不過，只要是可以吃的生物蜘蛛都會吃，所以牠的菜單相當豐富多樣，而且不斷增加。蜘蛛也不介意吃同類，**不只是不同種的蜘蛛能吃得很開心，就算是同種，只要有機會也會吃。**母蜘蛛會在交配前後將公蜘蛛吃掉，這一點相當出名。有些蜘蛛甚至不吃昆蟲，只吃其他種類的蜘蛛。基本上蜘蛛只吃活體，不吃動物屍體。

話說回來，追求多樣性的生物世界中，凡事皆有例外，這一點也可以套用在蜘蛛都是肉食性這件事上。有些蜘蛛會補充花蜜或花粉，過去專家也曾發現過一種也吃植物的蜘蛛，那是蠅虎的一種。說不定只要耐心尋找，就會找到更多種也吃植物的蜘蛛。

蜘蛛從出生起就獨自過活

儘管蜘蛛相當多樣，但大多數的蜘蛛一輩子幾乎都獨自過活，不只自己結網，吃飯也是自己一個。當網子沾上灰塵必須清潔時，牠也要靠自己的力量處理，沒有人會幫牠。這一點無論是公蜘蛛或母蜘蛛都相同。

蜘蛛的一生從卵開始，**通常小蜘蛛來到外面的世界時，蜘蛛媽媽就已經死亡了。**因此，小蜘蛛一出生就孤零零。事實上，小蜘蛛出生時身體發展已經成熟，可以獨當一面，天生就懂得如何獵食。

小蜘蛛也不需要別人教牠如何結網，不過比起成年蜘蛛，小蜘蛛的體重輕十倍百倍。而有些種類的蜘蛛結出來的網很複雜，需要一定大小的腦，小蜘蛛的腦容量遠遠不足。

人類也和蜘蛛一樣，小時候就必須擁有較大的腦，因此是先生下頭較大的嬰兒，身體才後來居上，人類是利用這個方法解決問題。另一方面，蜘蛛是讓神經細胞縮小，密集分布，因此即使腦容量較小，也能成功發揮作用。

但還是有當頭部裝不下所有腦細胞的時候，此時**部分腦細胞就會外溢到腳部，存放在那裡。**由於蜘蛛是節肢動物，腳部外側也有堅硬的角質板覆蓋，可以安全地存放腦細胞。多虧如此，小蜘蛛才能一出生就獨立生活。雖然腦部較小的後遺症就是蜘蛛很健忘，但這一點其實也惹人憐愛。

蜘蛛身體長不大的原因

或許大家會覺得既然蜘蛛需要大的腦，根本不需要硬是將部分的腦塞進腳部，可以像人類一樣，身體長大一點就好了。其實也有好多電影，都是以受到輻射影響發生突變的巨型蜘蛛為主角。但其實現實生活中的蜘蛛與昆蟲無法說變大就變大。蜘蛛想要長到可以踩死人類，或一口吞下人類的程度，可說是癡人說夢。

為什麼蜘蛛的身體無法長得很大？專家認為原因在於蜘蛛的身體構造，特別是身體的支撐方式和呼吸方法。

人類是由體內的骨骼支撐著身體，**而屬於節肢動物的蜘蛛是用變硬的身體表面，支撐自己的重量。**身體如果太大，體表的角質板就必須變得更厚實，如此一來，角質板會變很重，影響活動，這對蜘蛛很不利。

此外，人類利用血液將肺部吸入的氧氣運送到身體各處；昆蟲和蜘蛛則是全身遍布氣管，直接從空氣吸收氧氣，送入體內。由於蜘蛛的氣管無法主動吸收空氣，因此一旦身體變大，氧氣就很難運送到身體末端，這不是蜘蛛樂見的結果。簡單來說，如果身體變大，蜘蛛第一個要面臨的問題就是無法呼吸。

順帶一提，在恐龍尚未出現的遠古時代，有許多身體比現在大的昆蟲在天空飛，當時空氣中的氧氣濃度遠比現在高，即使呼吸方式一樣也不會有缺氧的問題。

最極致的育兒型態「以媽媽為食物」

蜘蛛基本上不養育小孩，只有少部分種類，母蜘蛛會與小蜘蛛一起生活，找食物餵牠們長大。雖然蜘蛛吃蜘蛛才是正常情形，但蜘蛛在育兒期間不會獵食其他蜘蛛。而且一般認為虎毒不食子，但狼蛛不只對自己的小孩好，對別人的小孩也會變得很溫柔。

人類其實也一樣吧，雖然已經是十多年前的事情，但我也曾幫自己的小孩換尿布，抱著他，哄他睡，一起生活。從此之後，每次走在路上聽見嬰兒的哭聲，就會下意識地想「哎呀！嬰兒不哄不行啊」。

各位千萬不要以為有這個反應就很博愛，事實上，蜘蛛很可能分不清自己與別人的小孩。簡單來說，既然認不清自己的孩子，不如調低世界的解析度，把所有小孩都當成自己的小孩對待就好。

此外，育兒中的蜘蛛媽媽會將獵捕來的食物給孩子吃，或是自己先吃，再吐出來餵小孩。**還有的母蜘蛛會產下營養卵，這不是孵化用的，而是要給小孩吃的卵。**

養育小孩最極致的型態是「以媽媽為食物」。即使一開始蜘蛛媽媽餵小孩吃其他獵物，但媽媽的身體會日漸虛弱，到最後就會獻上自己的身體，讓自己的小孩吃。各位可能會覺得很殘酷，事實上，這個時候蜘蛛媽媽的生命已經走到盡頭，既然到頭來都是一死，不如讓小孩吃掉，還能幫助蜘蛛寶寶成長。乍聽之下把媽媽吃掉是一件很驚悚的事情，其實人類媽媽的母乳也是由血液製造的，兩者都是將自己身體的一部分奉獻給小孩，從這一點來看，人類和蜘蛛還是有相似之處。

會育兒的母蜘蛛幾乎都是在小蜘蛛很小的時候才會照顧，但最近在日本的中國地區發現一種母蜘蛛會持續養育小蜘蛛直到成年。這種蜘蛛是擬態成螞蟻的蟻蛛屬蜘蛛，牠們會從腹部射出蛋白質含量為牛奶四倍的液體給小蜘蛛吃。即使小蜘蛛已經會自己獵食，牠們還是會持續喝媽媽的「乳汁」。不過，成年後只有母蜘蛛可以和媽媽一起留在巢穴裡，公蜘蛛會全部被趕出巢外。

此外，熱帶地區大約有二十種蜘蛛放棄獨居生活，和一大群夥伴過著群體生活。整體來看，群居的蜘蛛種類極少，有社會結構這件事對蜘蛛來說相當特別。

其中有一種蜘蛛會用絲纏繞一整棵樹，做出一個大巢穴，成千上萬的蜘蛛就這樣生活在一起。用小鎮來形容，一點也不為過。只要集合眾蜘蛛的力量，即使是獨力難以獵捕的大型獵物也能輕鬆捕捉，還能輕鬆維持巢穴的完整，更容易避免天敵攻擊。

開拓新天地的必殺技「空飄」

話說回來，絕大多數的蜘蛛都還是過著獨居生活。從卵孵出來的小蜘蛛只有剛出生的一小段時間會待在同一個空間裡，不久便各自離開，前往不同地方生活。

有些小蜘蛛會落腳在出生地附近，但也有些蜘蛛會從腹部向空中吐絲，讓自己像風箏一樣靠風力飛至遠方，這種技能稱為「空飄」（Ballooning）。

那些想要勇闖新天地的小蜘蛛會先爬到高處，伸直八隻腳，抬高身體，露出腹部向空中吐出好幾條絲，確認充分受風後就會鬆開腳，乘著氣流飄在空中。

即使無風也能使用這項技能。雖然人類感受不到，但地球表面帶著極微弱的靜電，因為蜘蛛吐出來的絲也帶靜電，當靜電碰上靜電，地面和蜘蛛絲就會產生互斥作用。由於蜘蛛絲很輕，只要輕微的力量就能產生浮力，拉起蜘蛛飄在空中。

一般來說，空飄屬於小蜘蛛的特殊技能，但有些蜘蛛種類是成年後才會空飄。小蜘蛛比成年蜘蛛輕，飄浮在空中並不稀奇，但有些蜘蛛重達一百毫克也會飛。一百毫克已經是一般空飄蜘蛛體重的百倍以上，必須藉由特殊的方法才能讓如此沉重的身體飛起來。這種蜘蛛吐的絲與一般蜘蛛不同，牠們會吐出數十條、數百條蜘蛛絲。這些絲在空中形成三角形，像帆一樣張開，可以承受較大的風力。

飄在空中之後，要降落在哪裡就由風來決定，可說是名符其實的「隨風而去」。唯有真正地飛起來，才知道自己能飛多長的距離。在大多數情形下，蜘蛛能飛數百公尺。如果是飄起來的高度較高、可以乘著上空氣流的蜘蛛，飛個幾百、幾千公里也不是難事。事實上，**曾經有蜘蛛降落在航行於大海的船上，這類情形還不只一次。**我相信今天也有許多小蜘蛛正在空中飛翔著。

蜘蛛無法決定降落地點，因此降落點不一定適合蜘蛛生存。遇到這種情形，小蜘蛛會再飛一次，多飛幾次總能找到適合結網的地方，這就是所謂的嘗試錯誤。

如果可以降落在陸地上還算好，地球表面有七成是海，長距離飛行最後很可能降落在海上，能降落在船上是求之不得的好運氣。一想到這裡，各位不覺得空飄對小蜘蛛來說很危險嗎？欸，我又多管閒事起來了。我衷心希望那些因為失去風力而要在完全沒有陸地、一望無際的海面上降落的小蜘蛛，不會對未來感到不安。

話說回來，我真的是想太多。輕到可以空飄的蜘蛛，即使降落在水面也不會淹死。牠們的腳可以防水，能像水黽一樣在水面站立。不僅如此，牠們還能抬起最前面的腳，像空飄期間一樣露出腹部，將腳和腹部當成帆，繼續承受風力在水面滑行。相反的，若風力太強，也會往水裡吐絲，像錨一樣固定住自己，避免被吹走。由於蜘蛛可以像帆船一樣在水面滑翔，若降落在離陸地較近的地方，就能輕鬆到陸地上。在漂流期間若發現可以攀登的物體，只要想辦法攀上去，就能再次空飄。滑翔的能力降低了不少喪命大海的風險。

第一隻降落在火山爆發的島嶼上的蜘蛛

無論如何，空飄是一件很危險的事情。為什麼小蜘蛛不顧不知道自己會去哪裡、可能喪命的危險，還是執意要去遠

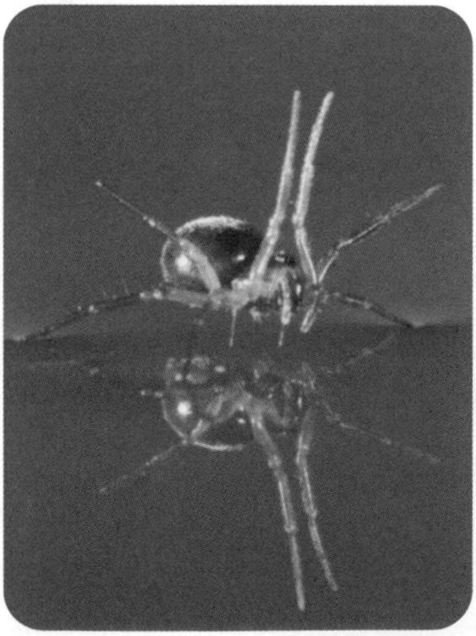

蜘蛛在海上滑翔的姿態。

方呢？如果留在出生地的附近，就能一直待在媽媽生下自己的地方，這應該是最安穩的做法。既然如此，為什麼要刻意捨近求遠？

原因之一是避免競爭。適合生存的地方聚集著許多生物，密度太高可能會造成食物不足的情形，在這種情況下，不如找一處雖然不是最好，但至少沒有競爭對手的地方生存。尤其同時間出生的孩子都來自同樣的父母，如果大家都待在出生地，身邊就只有自己的兄弟姊妹，與自己的血親爭搶獵物，感覺很沒出息。此外，如果要繁衍後代，很可能會出現近親繁殖的結果。這也是捨近求遠的一大原因。

空飄也有顯而易見的好處。例如空飄到沒有其他蜘蛛的地方，自己就能占地為王，無須與其他蜘蛛爭奪獵物，運氣好的話，可能還沒有天敵。接著只要盡可能留下後代即可。

有些地方受到火山爆發等自然災害影響，附近幾乎寸草不生，這種情形並不少見。**空飄可以比其他動物更早發現這類新天地。**

事實上，印尼的喀拉喀托火山曾在十九世紀末大爆發過一次，當時噴發了大量火山灰，甚至導致地球的平均氣溫下降。噴發九個月後，調查隊首次進入喀拉喀托火山探勘，據說當時唯一發現的生物，就是正在結網的小蜘蛛。在火山爆發導致喀拉喀托火山所有的生物死亡後，這隻蜘蛛應該是利用空飄，降落在這座島上的第一個生物。不過，牠降落的時間太早，一隻蜘蛛獨自在沒有獵物的島上生活，我不知道牠是否能好好地走完自己的一生。

話說回來，如果蜘蛛能找到已經有食物（昆蟲），卻沒有其他蜘蛛的地方，就能獨占這塊應許之地，大量繁衍子孫。風險愈大，獲得的回報也愈高。

蜘蛛的天敵們

當小蜘蛛找到適合自己生存的地方，就會盡可能吃更多食物，目的就是讓身體長得愈大愈好。體型較大的母蜘蛛一次可以產下較多的卵，孵出更多自己的後代。因此，趁還小時吃多一點、長快一點是很重要的事情。

蜘蛛是身體表面覆蓋硬角質板的節肢動物，每個成長階段都會定期蛻去表面的角質板，這就是所謂的蛻皮。不同種的蜘蛛，一生蛻皮的次數都不一樣。即使是同種，不同個體有時也會出現差異。無論如何，成年之後，蜘蛛就不會再蛻皮。蛻皮對蜘蛛來說是很危險的時期，牠們很可能會因為腳部蛻皮失敗而死，我也見過好幾次這樣的蜘蛛。

如果光顧著吃東西，也很可能會讓自己成為其他動物的盤中飧。鳥類會鎖定結網的蜘蛛，蜥蜴與青蛙則會攻擊在地上走的蜘蛛。還有蛛蜂科的胡蜂會獵捕蜘蛛，將針插入蜘蛛身體使其麻醉，再將蜘蛛帶回巢穴，將卵產在蜘蛛身上，讓牠成為小蛛蜂孵化後的食物來源。

嗜蛛姬蜂（*Hymenoepimecis argyraphaga*）會將卵產在蜘蛛的身體表面，孵化出的幼蟲吸取宿主體液成長，最後殺死宿主，並在蜘蛛網上形成一個繭，等待羽化。這種黃蜂在殺死宿主之前會一直控制牠，要牠結一張強韌耐用的新網，讓黃蜂幼蟲順利羽化。

蜘蛛也是蜘蛛的天敵。蠅虎會從蜘蛛網附近的樹枝，跳到蜘蛛網主人的身上，然後吃掉牠。有些只吃同類的蜘蛛會在森林裡吐一條絲，埋伏攻擊在那條絲上悠閒漫步的其他蜘蛛；牠們也會「自投羅網」，假裝自己是獵物，等主人現身想吃獵物時，就反過來吃掉牠。為了成功獵捕危險性高的獵物，蜘蛛也發展出高度的獵食技巧。

蜘蛛的壽命

克服無數困難順利長大成人之後，剩下要做的事情就是繁衍後代。公蜘蛛尋找母蜘蛛，使母蜘蛛受精後，就會立刻離開母蜘蛛。一般來說，蜘蛛不會像人類夫妻一樣在一起生活。蜘蛛是一種孤獨的生物。

留下來的母蜘蛛會盡可能吃胖，產下最多的卵，再以蜘蛛絲包覆卵，形成卵囊，可以避免乾燥、炎熱或寄生蜂、寄生螞蟻的獵食侵襲。一個卵囊裡有數十到數百顆卵，有些蜘蛛種類會一次做好幾個卵囊，產下一千顆以上的卵。*如果是一生產好幾次卵的種類，通常生下卵就置之不理。而有的蜘蛛會將卵囊垂掛在蜘蛛網上，可以在獵食的同時保護自己的小孩。

審訂注——有些蜘蛛一生中會結好幾個卵囊；像是在台灣低海拔地區常見的二角塵蛛，會把其卵囊像糖葫蘆一般依排排列在圓網上。而台灣常見的人面蜘蛛，則只會產生一個卵囊。這種大型結圓網蜘蛛會把卵囊放置在地面上，用葉子蓋起來，裡面大約有一千至兩千顆卵。

在只產一次卵的蜘蛛種類中，還有些會將卵囊產在附近的葉子或樹幹上，蜘蛛媽媽獨守在旁，一直到蜘蛛寶寶孵化出來為止。而狼蛛與幽靈蛛科的蜘蛛媽媽會將卵塊黏在腹部或啣在嘴裡帶著走。還有些公蜘蛛會保護卵，但這種蜘蛛相當少。

一隻蜘蛛從卵的型態被產下來，一直到自己長大成人，繁衍後代，究竟要花多少時間？簡單來說，一隻蜘蛛的壽命有多長？這個問題的答案因種類而異。目前已知壽命最長的蜘蛛可以活四十幾年，一般人常見的橫帶人面蜘蛛與悅目金蛛的壽命為一年。壽命較短的蜘蛛只活幾個月。

不少蜘蛛很能挨餓，獵食失敗頂多延緩成長速度，不會立刻死亡。不過，蜘蛛無法維持一定的體溫，像日本這類四季分明的地方，一旦氣溫下降，活動力就會減緩。因此，與其說是壽終正寢，應該說是蜘蛛有生命終了的固定季節。話說回來，蜘蛛似乎無法抵擋年華老去的影響，**年輕蜘蛛可以結出美麗的網，但隨著年齡增長，結出來的**

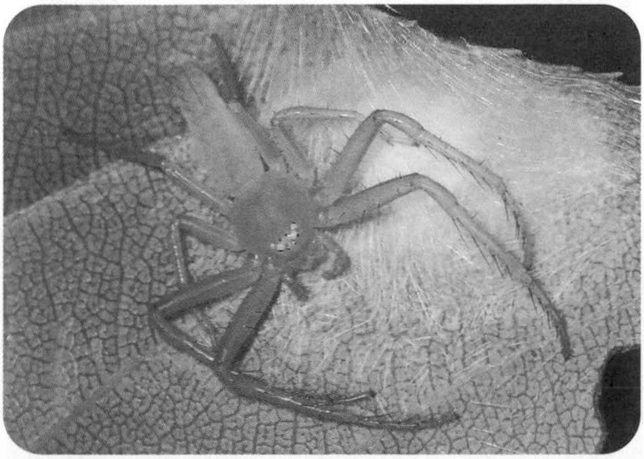

守護卵的條紋綠蟹蛛。

提供：萩野典子

網形狀會變得凌亂，網眼也變得不規則。

總而言之，大多數蜘蛛在天氣變冷前完成產卵，新生命則以蜘蛛卵或蜘蛛寶寶的形式度過冬天。人類在吃螃蟹時，野外的小生命正等待著春天的到來。

專欄

蜘蛛的飼養方法

我知道你想養蜘蛛。

飼養在地上行走的游獵型蜘蛛很簡單。只要將蜘蛛和食物一起放入箱子裡，蜘蛛就會餵飽自己。不過，如果要養結圓網的蜘蛛，就不能一招半式走天下。有些蜘蛛確實可以養在小箱子裡，也不需要費心照顧，但並非所有蜘蛛都這樣。有些蜘蛛可能要結網才會感到安心，在沒有網子的狀況下看到獵物接近，反而會害怕到縮在一旁。遇到這種蜘蛛，一定要先讓牠結網。

問題來了，養這種蜘蛛的難度相當高。在平面展開的圓網只有一條絲的厚度，也就是幾微米而已，但有些長度和寬度超過數十公分。要養這種重量比一圓硬幣還輕的生物，需要相當寬敞的空間。我個人使用的是以透明壓克力板製成的框架，做成寬度約莫成人肩寬的正方形飼育箱。我先用好幾個壓克力框排出正方形的形狀，再用大一號的板子隔間，將蜘蛛放進去，使其結

讓蜘蛛在裡面結網的壓克力箱子。

網。簡單來說，就是做一個蜘蛛的集合住宅。

如果蜘蛛看得滿意，很快就結網，事情就輕鬆多了。不過，有些蜘蛛不喜歡這樣的配置，可能過了好幾天都還是待在角落，不肯結網。再這樣下去不是辦法，必須努力提升服務品質，務必讓貴客感到滿意才行。如果是喜歡明亮處的蜘蛛，不妨將飼育箱擺在窗邊，或用燈光照射；如果是喜歡昏暗處的蜘蛛，就用床單蓋著，或將食物放入箱子裡。

如果這樣還是不行，那就用震撼療法。拿出裝水的噴霧器，對著縮在角落的蜘蛛噴水，讓牠嚇到跑出來，立刻開始結網。有時候這一招很有效，真的令人意外，還以為牠會一直這樣蜷居在角落。

網子結好後，就可以開始放食物。對飼主來說，自己養育果蠅餵食蜘蛛是最省事的方法。但如果只給相同食物，蜘蛛就無法攝取均衡營養，因此也要捕捉不同的食物餵食。由於蜘蛛只吃生食，餵食是一件大工程。此外，大多數蜘蛛都喜新厭舊，有些蜘蛛在箱子裡結兩三次網，空間就不夠用，看來成人肩寬的飼育箱還是太小了。

總的來說，放養是最理想的做法。我還在唸書的時候，在大學實驗室的天花板垂掛鷹架用的竹片，將蜘蛛放養在一旁。蜘蛛都很用心地結網，卻讓研究室裡的其他夥伴感到很不自在。

我現在已經長大，有自己的空間，於是在自家的小庭院放養蜘蛛，大家可以稱呼我家為蜘蛛屋。由於養在室外的關係，平時根本看不見牠們的蹤影，最棒的是，牠們會吃大自然裡的食物，不用我餵，確實輕鬆不少。只不過我的太太和孩子們在庭院散步時必須很小心，避免破壞蜘蛛網。在庭院放養蜘蛛的事情，當然也讓我的家人感到很不方便。

我有一位比我更為家人著想的朋友，研究出其他的飼育方法。他將蜘蛛放養在高度較高的衣物收納箱裡，市面上有一種利用燈光和風扇吸引蚊蟲的捕蚊燈，他用管子連結捕蚊燈和衣物收納箱，捕蚊燈吸入蚊蟲後，就從管子將蚊蟲排入收納箱。我的朋友利用這個裝置，成功地讓母蜘蛛養育從卵孵化出來的蜘蛛寶寶，而且再次產卵。他的做法距離蜘蛛的完全養殖型態應該不遠了。

第3章 蜘蛛網最強學說

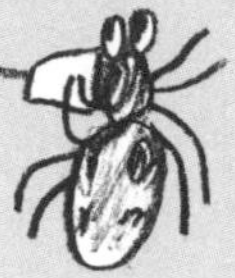

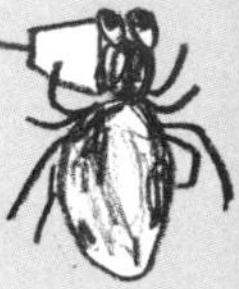

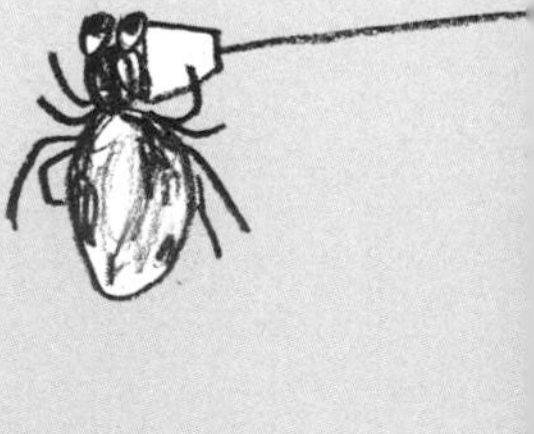

蜘蛛是埋伏高手

我的研究室前面有一個傘架，裡面插了好幾支捕蟲網，是我會在和學生到後山上課時帶的。不過，畢竟修我課的學生算是少數派，因此，大多數學生經過我的研究室時，都會大聲驚呼「這是什麼？捕蟲網？不會吧？太搞笑了」，他們說的話我聽得一清二楚，每次聽見總讓我感覺心裡有點酸酸的。

不可否認，一群打扮可愛入時的年輕人手裡拿著捕蟲網在校園裡走著，這種光景真的很引人側目。不過，拿著捕蟲網的學生們不知為何看起來似乎比較開心。

每次要到山裡上課之前，我一定會囑咐學生當天要穿方便活動、遮住手腳的衣服，可惜我的學生全都是追求時尚勝過於實用性，更何況是女學生，她們都把我說的話當成耳邊風。穿著短裙走進森林，雙腿立刻被蚊子咬成紅豆冰；還有人穿有跟的鞋子來，那種鞋子完全不適合走山路，於是只好將捕蟲網當拐杖用，害我很擔心捕蟲網會不會因此折斷。

話說回來，在森林裡其實少有機會用捕蟲網捉蟲（用來砍傾倒樹木的柴刀或翻開落葉的鏟子還比較有用）。和她們一起時，手裡的捕蟲網唯一的作用是拿來放我抓到的蟲，給那些不敢接觸蟲的學生觀賞。

話題回到蜘蛛。提到蜘蛛，一般人聯想到的是圓網，與捕蟲網不同，蜘蛛網設置在固定的地方，是由蛋白質的絲製成的陷阱。

動物捕捉獵物的方法大致分成兩種，一種是像狼一樣，在森林裡走動，尋找獵物；另一種是走鮟鱇魚、鱷魚路線，靜靜埋伏在某處，等獵物自動上門。

蜘蛛屬於埋伏型生物，牠們十分有耐心，善於等待。雖然追趕獵物、四處遊獵的方法也很不錯，如果因此耗盡體力就得不償失了。

蜘蛛埋伏的祕訣是做好萬全準備，避免無謂的消耗與浪費，當機會上門時絕對不錯失。蜘蛛不具有超強的力量，沒有超快的速度足以制伏獵物，也沒有華麗的攻擊手段，但牠最擅長以靜制動，克服嚴峻的狀況，在靜靜等待的過程中獲得最大的獎賞。

無論如何，蜘蛛是要在漫長的等待中，將一切賭在稍縱即逝的機會上，因此牠也為了這一刻展現了各種技巧與工夫。

結網方式

圓網是由放射狀的絲（縱絲）與螺旋狀的絲（橫絲）交織而成。我以自己詳細觀察的蜘蛛為例，為各位說明蜘蛛如何結出圓網。首先，蜘蛛會露出腹部，往空中射出絲【a】。絲的前端有黏性物質，隨著風往外飛，黏在第一個接觸到的物體上。接著，蜘蛛將鬆垮的絲拉緊，將自己這一邊的絲黏在附近的物體上，即可完成一條橫掛在空中的絲【b】。

這條絲是支撐整個網最重要的絲，但這條絲的另一端掛在哪裡，全由風來決定。因此，蜘蛛必須先走走看，確認這條絲是否適合。如果不合牠的意，就會再射出絲，重新架一條。重複幾次之後，就能在最適合的地方架絲。

接下來，蜘蛛或許會走到絲的中間，往下噴出新的絲，讓絲固定在某

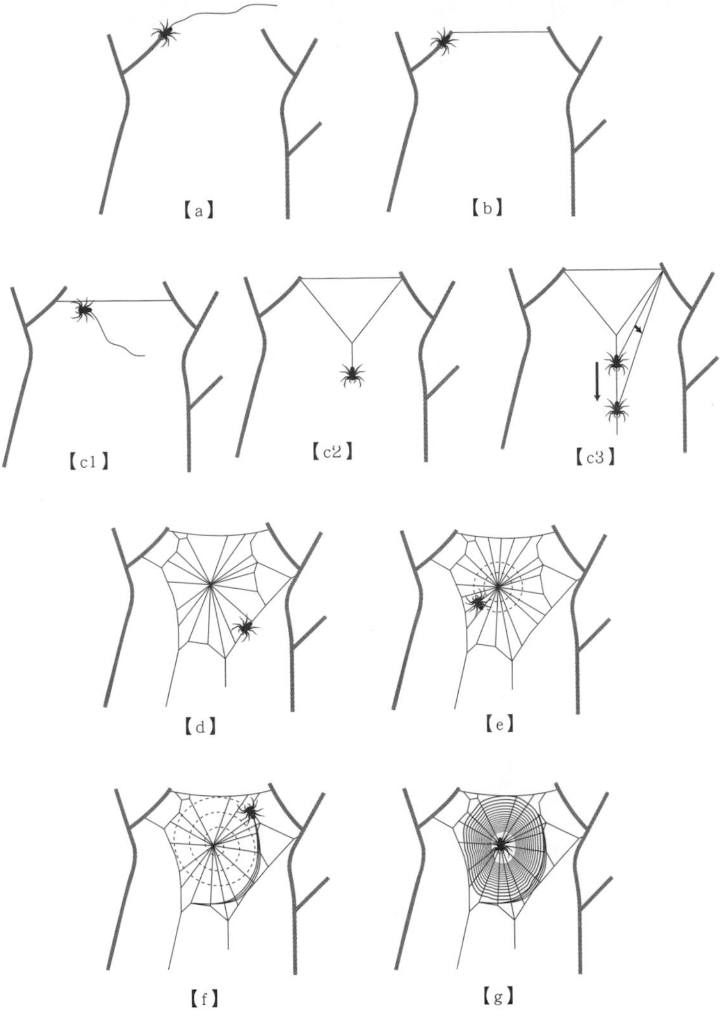
【a】
【b】
【c1】
【c2】
【c3】
【d】
【e】
【f】
【g】

處【c1】，或著邊噴出絲邊往下降【c2】，亦或是邊將絲拉緊邊來回走動【c3】，像這樣逐漸架好網的外框和幾條縱絲。

透過這些方式架好網的外框之後，蜘蛛會拉緊縱絲確認位置，再補上新的縱絲，將空隙填滿【d】。架好足夠的縱絲後，牠會接著從中間往外交織出空隙較大的螺旋狀絲【e】，為的是做為待會蜘蛛要再吐絲填滿空隙時的鷹架。

接下來蜘蛛要開始吐出具有黏性的橫絲了。結好當鷹架用的絲之後，蜘蛛會來到網的外側，接著一百八十度往後轉，走在縱絲和鷹架用的絲上，由外往內慢慢織出網眼細密的螺旋狀橫絲【f】。為了確保每條橫絲的間隔都是一樣的，蜘蛛會伸出腳觸摸前一圈絲的位置，一邊確認一邊往前進。

在結橫絲的同時，牠也會切斷不再使用的鷹架絲。螺旋狀的橫絲一直織到離中心稍有距離的地方即停止，接著蜘蛛會直接回到中心點的位置【g】。如此一來，中心附近會出現一段沒有橫絲的區域，蜘蛛就從這個區域往四面八方活動。最後牠會再以白絲做成裝飾，點綴在中心附近，一張美麗的蜘蛛網就完成了（有時候不會加上裝飾）。*

審訂注
大多數蜘蛛不會在網子上結這種裝飾（稱作「隱帶」）。會有這種行為的主要是金蛛屬、渦蛛屬以及某些塵蛛屬種類。

蜘蛛連脊椎動物都吃

接著來說說蜘蛛的獵食方式。蜘蛛吃東西的方式與人類不同，牠們不會撕咬咀嚼。牠們會從口器分泌出消化液，消化液富含大量可溶解身體的酵素，因此蜘蛛吃東西是用吸的。由於這個緣故，蜘蛛的味覺中沒有咬勁和口感，牠們無法體會咬一口剛採收的小黃瓜那種欣喜的滋味。

像小鳥這類不擅長啃咬咀嚼的生物，只吃得下鳥喙尺寸可以處理的獵物。不過，蜘蛛沒有這個問題。**因為牠們的消化不是在體內進行，而是在體外完成的，所以蜘蛛吃得下體型比牠們大許多的動物。**

不只大型昆蟲，蜘蛛連脊椎動物都吃。棲息於沖繩的大型蜘蛛「人面蜘蛛」，牠結的蜘蛛網直徑超過一公尺，有時候會捕捉到麻雀大小的鳥類或蝙蝠，成為當地報紙爭相報導的新聞。有些棲息在水邊的蜘蛛還會吃魚。不過，蜘蛛再怎麼會吃也不會吃人類，各位可

黏在橫帶人面蜘蛛網子上的雨蛙。

以放心。

從絲的振動獲取情報

誠如剛剛所說，有時會有比蜘蛛體型更大的獵物，以猛烈的速度撞擊蜘蛛網。此時，待在網中央的蜘蛛會馬上轉向獵物，接著向牠跑去，咬住後注射毒液，讓獵物失去行動力。蜘蛛網並非萬能，一個不小心就會讓獵物逃走，所以此時需要的是快狠準。如果獵物太大，蜘蛛也會用絲把牠捲起，等到獵物無法活動之後，再帶回網中央慢慢享用。

蜘蛛從朝獵物前進到咬住獵物之前，有時會用前腳勾幾下蜘蛛網。

這是因為結網型蜘蛛的視力極差，因此要靠腳上的細毛或身體細微的歪斜角度，感應空氣和腳部接觸到的物體產生的振動，來解讀周遭發生的事情。當蜘蛛網產生振動時，牠就知道有獵物上門了。獵物衝撞到蜘蛛網會使網子振動，獵物被蜘蛛網黏住後，會大力扭動身體或拍翅膀企圖掙脫，此時的振動會透過蜘蛛絲傳遞至由縱絲組成的中心點，待在網中央的蜘蛛就會感應到振動。

當傳遞過來的資訊不足，蜘蛛就會拉緊蜘蛛絲，從觸感得知獵物的大小和位置。

對蜘蛛來說，蜘蛛網就像是以身體為中心，往外放射的情報網絡。

我在第一章曾經提及過，網路世界的「Web」原本指的就是「蜘蛛網」。這個實體的網也是向蜘蛛傳遞情報的重要系統。不只如此，蜘蛛傳遞情報的方法也會因應實際情形自行調整。

蜘蛛網靠絲的振動傳遞情報，相信各位可能都玩過紙杯電話的遊戲，這是一種用兩個紙杯和一條線輕鬆製成的簡單電話玩具。因此，各位一定知道把線拉緊時，聽到的聲音會更清楚。紙杯電話是透過線的振動傳遞聲音，蜘蛛網傳遞情報的方法也是一樣的。當蜘蛛想要了解周遭狀況，就用腳或另外吐絲，接著再拉緊，就能「聽」得一清二楚。

縱絲與橫絲的任務分工

話說回來，蜘蛛網的功能分成兩個，一個是當獵物撞上來時，讓牠停在網子上；另一個則是在蜘蛛過來攻擊之前纏住獵物，不讓獵物逃跑。構成圓網的縱絲與橫絲，就分別發揮了這兩大功能。

這兩種絲的性質不同，縱絲負責讓獵物停在網子上，**如果蜘蛛絲與鐵絲一樣粗，它也會具有如鐵絲般的強度。**蜘蛛網之所以被人類一碰就破掉，是因為蜘蛛絲太細，直徑只有幾微米而已。

不僅如此，縱絲具有橡皮筋般的彈性，比堅硬的物體更不容易壞。如果是像建築物的柱子，只要能承受極大重量就好，鋼筋這類堅硬材料就很夠用。不過，如果被快速移動的物體撞上，遇到這種必須承受極大能量的情形，只是堅硬是不行的，因為會在吸收能量時碎裂。

縱絲就沒有這個缺點，縱絲在被物體撞上時會延展，藉此吸收能量，因此即使是大型獵物撞上蜘蛛網，蜘蛛網也不會破掉。蜘蛛網會極度變形，接住獵物，再恢復到原有的形狀。

而纏住獵物的任務則由橫絲擔綱。金蛛科蜘蛛的橫絲是由高彈性的細絲表面覆蓋著液體狀黏性物質所構成。黏性物質像球一樣等距地附著於橫絲上，稱為黏球。黏球的作用是把撞到蜘蛛網的獵物黏住，不讓其脫逃。比起縱絲，橫絲的延展性更好，只要輕微的力道就能延展。由於這個緣故，如果獵物想要逃走，動作愈大，橫絲就會被拉得愈開，將獵物纏得愈緊。

製作蜘蛛網的絲中，只有橫絲具有黏性，因此蜘蛛結網時，都是最後才鋪橫絲。因為還沒有橫絲的關係，過程中蜘蛛在網上來回行走就不會被黏住。在鋪橫絲時，蜘蛛都是走在沒有黏性的縱絲與當鷹架用的絲上，不會黏住自己。此外，當蜘蛛網捕獲獵物，蜘蛛也是沿著縱絲走到獵物身邊。

話說回來，有時候蜘蛛急著去攻擊獵物，不小心跑太快也可能踩到橫絲，遇到這種情形無須擔心，蜘蛛的腳上覆蓋著油性物質，還長著細毛，即使碰到黏球也不會被黏住。不過，蜘蛛在網上行走時，如

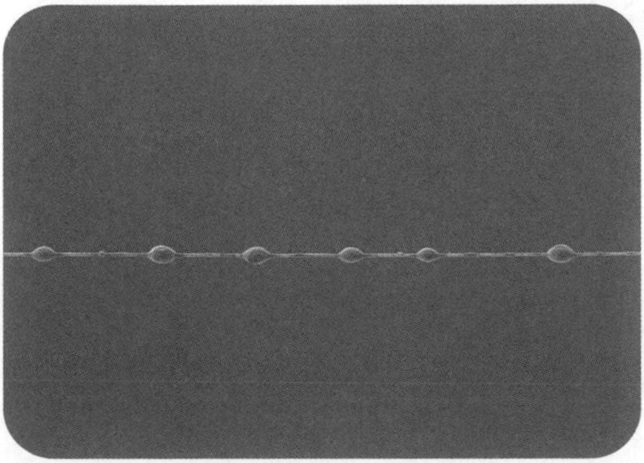

橫絲的放大圖。圓球狀物質為黏球。

提供：日立化成科技服務股份有限公司　分析中心

果腳勾到橫絲，使兩條橫絲黏在一起或不小心切斷橫絲，就無法復原，會留下痕跡。

有些蜘蛛每天都結新網

一天結束的時候，蜘蛛網會留下許多獵物造成的痕跡，通常會變得殘破不勘。有時落葉也會破壞蜘蛛網的完整性，雖然蜘蛛會修補破損的部分，但修補過的蜘蛛網功能已大不如前。加上灰塵附著或變乾等影響，都會減損橫絲的黏著性。由於這個緣故，蜘蛛會在一天結束時回收所有的橫絲與大部分縱絲，並且轉移陣地。等到第二天開始時，重新結一張網。這是有些蜘蛛每天的例行公事。

各位可能會覺得這樣好浪費，其實這才是蜘蛛聰明的地方。**蜘蛛絲是由蛋白質形成的，回收後可以吃進肚裡，消化吸收，再分解成胺基酸，成為製造新絲的原料。**簡單來說，就是回收舊絲製新絲。因此，要是蜘蛛網被人類破壞，就無法回收蜘蛛絲，這對蜘蛛來說是很大的損失。希望各位下次看到蜘蛛網時，請務必高抬貴手，放蜘蛛網一馬。

蜘蛛絲的回收效率相當高，有一說認為回收率超過九成。事實上，有時蜘蛛回收絲之後會將絲丟棄，不一定吃下肚，因此平均來說，回收效率應該更差才對。但無論如何，回收蜘蛛絲還是有助於降低每天的建設成本。

由於蜘蛛是靜靜等待獵物上門的動物，因此每天捕獲到的獵物量都不同，差異甚大。運氣不好的時候，可能連續幾天都沒東西吃。為了順利度過低潮，蜘蛛必須將營運成本降至最低。回收蜘蛛絲就是基於這樣的考量。許多人不惜耗費鉅資，打造一間可以終身使用的漂亮房子，但要這麼做是擁有穩定的生活才辦得到的事。如果是結圓網的蜘蛛，很難度過每個月還房貸的生活。

每天結新網聽起來像是每天蓋新房子一樣，其實比較接近不斷搭網收網的帳篷野營生活。就算材料可以回收再利用，還是要花時間結網。依照網的型態，有時結一張網可能要超過一個小時，有些蜘蛛光是結網時來回行走的距離就超過數十公尺。這對幾乎一整天都在網中央守株待兔的蜘蛛來說，是很長的一段距離。

加上蜘蛛網是由蛋白質製成，雖說可以回收再利用，但結網時一定會流失部分的蛋白質。就算不結網，蛋白質也是成長的必須營養素，產卵時也需要蛋白質。總而言之，蜘蛛必須將原本的營養來源蛋白質投資在獲取營養這個行為上，這就是蜘蛛的生活型態。既然是投資，當然希望收益愈多愈好。

蜘蛛絲的節約術

話說回來，如果無利可圖，根本活不下去，為了增加後代數量，也必須提高收益率，讓身體變得更大才行。

蜘蛛和昆蟲一樣，是靠變硬的身體外側支撐自己的重量。不過，蜘蛛的腹部比昆蟲柔軟許多，吃得愈多，肚子就會變得愈大。而由於蜘蛛卵是用積存在肚子裡的營養製造而成，因此吃得愈胖，就能增加愈多後代，一次產卵就能留下更多小孩。比起人類大多一次生一胎，蜘蛛一次可以產下幾十顆、幾百顆卵。

提高收益率的另一個方法是減少支出。有些蜘蛛已經演化成以最少的絲，結出最簡單的網，例如只用少量的縱絲與橫絲結網，或是保留部分圓網型態結出獨特的三角網（這種蜘蛛名為扇網蛛），還有蜘蛛只掛了幾條絲就交差了事。話說回來，蜘蛛是否不結網也能捕捉獵物？事實上，在森林之類的地方只要掛上蜘蛛絲，就會有蜘蛛或昆蟲走到上面，完全無須擔心這個問題。

流星錘蜘蛛是最節省蜘蛛絲的蜘蛛（詳情請參閱第一一六頁的介紹）。牠只使用一條前端有一顆大黏球的蜘蛛絲，絲的長度比其身體還長一些。流星錘蜘蛛會像套索一樣揮動蜘蛛絲，往飛過來的蛾丟出去。各位可能會覺得丟半天只抓蛾，無法吃到太多獵物，事實上，流星錘蜘蛛會散發宛如蛾的費洛蒙的味道，藉此捕捉公蛾。各位一定要小心致命的甜美香氣。

蜘蛛的看家本領——埋伏

話說回來，一味地減少支出也看不見未來的希望。增加利益最直接的方法，就是增加收入，也就是捕捉大量獵物。不過，蜘蛛屬於埋伏型生物，不會積極地在森林裡走動，因此這時就是蜘蛛網的靜態招數出場的時候了。

結網的方式會影響獵物的數量與捕捉方式，如果想要獵物一旦碰到就逃不了的蜘蛛網，就要結出網眼細密的網；若想捕捉飛得很快的大型獵物，就要鋪多一點縱絲，才能承受獵物撞上來的衝擊力道；若想捕捉大量獵物，就要結一張大網。*

各位可能會覺得，既然如此，結一張網眼細密的大網不就萬無一失了嗎？蜘蛛是很謹慎的生物，不是莽撞的冒失鬼。各位不妨想像一下，假如空中突然出現一張絲線交織得很細密的大型蜘蛛網，你會有什麼感覺？我相信所有昆蟲都會覺得空中有一個很奇怪的東西，連靠近也不想靠近。

此外，若要吐出許多絲結網，蜘蛛就要多走許多路，蜘蛛網並非胡亂吐絲就能結成。說得極端一點，要是周遭完全沒有獵物，結網也沒用，不僅浪費體力，還沒有任何收穫，可說是做了賠本生意；相反的，若能捕捉大量獵物，不惜成本結大網也划得來。為了避免白費工夫，蜘蛛對身邊飛來飛去的昆蟲數量很敏感。我將蜘蛛養在飼育箱的時候，如果放了蒼蠅進去，蜘蛛聽到蒼蠅揮動翅膀的聲音就會開始結網。**假設牠今天捕捉到大量獵物，牠會記住這件事，第二天會結一個**

審訂注

某些結圓網型蜘蛛會根據自身的饑餓狀態、環境中出現的獵物種類，甚至是風力的強弱來調整面積以及網眼的大小。例如，當環境中有大量的小型飛行性昆蟲時，蜘蛛會把網子結得比較密。而當風力變強時，蜘蛛則會把網子縮小、網眼放大以降低風阻。

比今天更大的網。

蜘蛛網的形狀和等待獵物的方式都能看出隱藏在背後的心思，就像我在第一章說過的，結出垂直圓網的蜘蛛，絕大多數都會將下半部結得較大，同時頭部朝下，等待獵物上門。

這個蜘蛛世界的大原則之所以能成立，是因為我們生存在有重力的環境，比起往上爬，往下掉的速度更快，因此下方比較適合捕捉獵物。這也是蜘蛛抓到的獵物都在網子下方的緣故。

就像我們做生意會選擇人潮較多的地方開店一樣，蜘蛛也會在容易抓到獵物的地方結網。頭部朝下等待獵物也是一樣的道理，朝著容易抓到獵物的方向，搶得先機，靜靜等待。

但所有原則都有例外——這是生物世界的大前提，蜘蛛網上下之分的原則也是一樣。這個世界上存在著頭部朝上等待獵物的蜘蛛，雖然找遍全球也找不到十種，以比例來說相當少，但還是有。其中大多數棲息在日本，還包括一般街頭常見的蜘蛛（吸引我投入蜘蛛研究的假銀塵蛛就是其中之一），可說是隨處可見的稀有蜘蛛。朝上等待的蜘蛛結的網與一般不同，這種網上半部比較大。顛倒地停在網子上的蜘蛛，結出來的網也是顛倒的。

究竟這世上為什麼會有頭部朝上的蜘蛛呢？這是因為黏在網子上的獵物，在掙脫過程中，身體的一部分會被絲剝下來，一點一滴地往下掉。當這種事情發生時，很快又會有另一個部分往下掉，獵物就會慢慢地掉下來。此時，朝上等待的蜘蛛剛好可以接到掉下來的食物。

大多數蜘蛛重視的是迅速往下跑，確實捉住獵物，因此才會頭部朝下等待獵物。但若是蜘蛛無法快速往下跑，結果又會如何？既然朝下等待對自己不利，不如改弦易轍朝上等待，將網子上方做大一點。各位可能會想，這樣不是違反了重力的概念嗎？事實上，體型的大小彌補了一切。朝上等待的蜘蛛體型大多較小，專家認為這是為了避免受到重力影響。專家實際測量了朝上等待的蜘蛛，在網子上奔跑的速度，結果發現牠們往下跑的速度不快，和往上爬的速度幾乎差不多。

＊審訂注——許多蟲媒花在花朵中央有吸引昆蟲的特定圖案稱之為「花蜜指引」。花蜜指引通常呈輻射狀排列且會反射大量紫外光，因此當訪花昆蟲遠遠地看見懸掛在灌叢中的X型隱帶會直覺地認為是一朵花而往其飛去。

＊＊審訂注——除了隱帶以外，結圓網性蜘蛛的鮮豔體色

蜘蛛的引誘技巧

蜘蛛並非結好網後就在網上靜靜等待獵物的佛系生物，蜘蛛會欺騙獵物，吸引牠們過來。構成蜘蛛網的蜘蛛絲非常細，而且不太會反射光線，但有些蜘蛛會在中心處以絲製作出各種顯眼的裝飾圖案，稱為「隱帶」。

這個隱帶用的絲，性質與縱絲、橫絲不同，這種絲會反射光線，特別是昆蟲看得見的紫外線。根據最有力的說法，這個明顯的隱帶與蜘蛛身體的顏色和圖案融為一體，昆蟲的視力不如人類，在牠們眼中，隱帶看起來就會像是花朵一樣。*蜜蜂這類的昆蟲會受到假花吸引，朝蜘蛛網飛來。等牠察覺不對勁時已經太遲了，下一秒立刻撞上蜘蛛網。**

此外，有些蜘蛛會將吃剩的殘骸或落葉裝飾在網子上，吸引獵物上門。這些殘渣沾附細菌發酵後會散發味道，蒼蠅聞到味道就會朝蜘蛛網飛去。***

有時蜘蛛也會找尋蒼蠅較多的地方，帶著網搬過去。不過，蜘蛛移動的方式是像風箏一樣牽絲，乘著風飄浮在空中，因此會搬到哪裡去，全由風決定。如果

是吸引昆蟲之視覺誘引物。通常這些蜘蛛的體色是由鮮豔的黃色混搭黑色、深褐或綠色組成。台灣的研究團隊發現，許多訪花昆蟲無法分辨蜘蛛身上的暗色系體色與背景綠葉的顏色，只看得見鮮豔醒目的黃色部分。由於九成以上的植物花朵其花粉皆為黃色系，因此訪花昆蟲會被蜘蛛身上的鮮豔體色所吸引而朝網子飛去。

***審訂注

在台灣低、中海拔山區於冬季常見的橫帶人面蜘蛛也有此種行為。台灣的研究團隊發現，牠們會將吸食完的獵物屍體留置在網子上，可藉由吸引某些昆蟲而提升其捕食率。

結新網的地方沒什麼獵物，就會一直搬家。蜘蛛就是像這樣不斷嘗試錯誤，最後找到最適合的地方。

有些因素會影響蜘蛛結網的方式，例如在風勢強勁的地方，蜘蛛會增加縱絲，增加網子的強韌度。*若是不小心在野獸必經之路結網，結果被經過的大型動物破壞網子，蜘蛛就會避開那個地方，重新找其他地方結網。

另一方面，蜘蛛在結網期間對於天敵的防備較鬆懈，這對蜘蛛來說很危險。由於這個緣故，**只要蜘蛛認為附近有天敵，牠就會將網子結小一點。**蜘蛛還有另一項技能，就是簡化蜘蛛網的結構，結網時間可以縮減百分之十。雖說蜘蛛很聰明，但要結複雜的網子就要花較多時間，這一點和人類一樣。

所謂天生我材必有用，即使是不順手的工具，只要用得巧也能發揮作用。蜘蛛網可說是自然界中最強的獵食工具，天生具備高度技能的蜘蛛若能善用蜘蛛網，即可所向無敵。這就是我們在地球的任何角落，都能看見蜘蛛身影的原因。

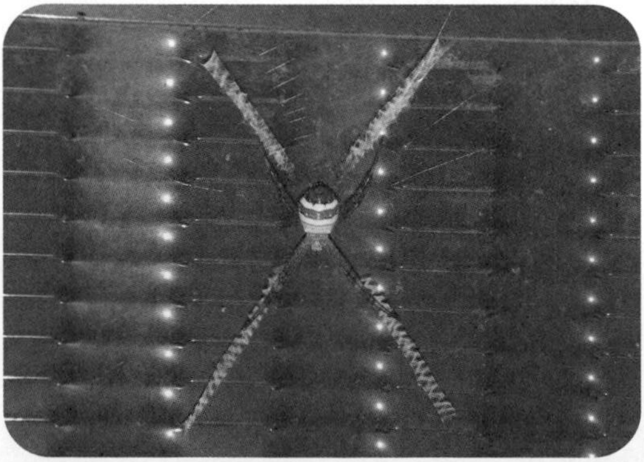

悅目金蛛的網子上有X型隱帶。

每到蜘蛛生存季節進入尾聲時，經常可以看到肚子圓滾滾的蜘蛛，不禁令人驚呼：「牠到底吃了多少食物！」不過，牠吃這麼多不是為了自己，蜘蛛必須繁衍子孫才算完成自己的職責。

蜘蛛雖是獨自生活的生物，但牠無法依靠自己的力量，將積存在體內的營養變成後代。牠需要別人的幫助，也就是同種的異性。不過，要以誰做為繁衍後代的對象，也是一件麻煩的事情，儘管這與捕食獵物的麻煩不太一樣。

每次到森林上課，學生們都會天真地討論戀愛話題，聽著她們的對話，我忍不住想「千萬別像蜘蛛一樣咻地就被捕蟲網抓住了」，聯想起蜘蛛的一生。

審訂注——台灣的研究團隊發現，某些蜘蛛如二角塵蛛，會把網子面積縮小、網眼變大來降低風阻。而且會增加縱絲的強度及彈性來增加網子的強韌度。不僅如此，在風強時牠們還會把黏球做得比較小來降低其中水分的蒸散以維持黏性。

專欄

同樣是八隻腳

飼養蜘蛛並在室內研究是很輕鬆愉快的事情，不過，有時候還是得到野外進行觀察。野外觀察最痛苦的是酷暑和蚊子，我最討厭夏天了。

夏天時，我必須在大太陽底下，觀察在草叢間結網的蜘蛛。在毫無遮蔽物的河邊，任由陽光將我曝曬成人乾。過程真的很痛苦，我都快哭了，於是決定改地方，調查棲息在森林裡的其他種類，沒想到這次竟然遭到蚊子大軍攻擊。不過，蚊子這個生物真的很神奇，一旦被蚊子咬到某種程度，就不會感覺到癢了。夏季的炎熱不可能適應，與其被太陽曬，不如被蚊子咬。

話說回來，能避則避是人之常情。最近我都穿上務農用的網狀防蟲衣，保護上半身。這套工作服真的很好用，大幅減少了我被蚊子咬的次數。我穿上它時，看起來就像是在頭上罩著攜帶用蚊帳，旁人看到都覺得我很奇怪。為了避免嚇到別人，遇到其他人時我會特別小心。設身處地去想，如果我在森林裡走著，看見對面來了一個頭上戴著網子的人，我一定會立刻轉身逃走。

即使夏天在自家院子裡觀察自己養的蜘蛛，也必須在酷暑和蚊子之間做選擇。白天蚊子不太活動，但太陽很大；可是想要涼快一點而在清晨觀察，又會遇到蚊子大軍的攻擊。各位可能會說「請家人點蚊香就好了」，但蚊香可能會影響蜘蛛的活動，所以我只能拚命忍耐。後來實在被咬得太厲害，只要發現有蚊子在吸我的血，我就會輕輕打死牠，把牠送給蜘蛛吃。我的身體也間接地形成了蜘蛛的血與肉。

如果只是被蚊子咬那就算了，有一次，我發現自己的手上腳上出現了一百多個紅豆冰。若問我癢不癢？待著不動的時候還好，一走路血液循環變好，就會癢到受不了。因為太癢了，我更想動來動去，結果讓血液循環又變得更好，陷入惡性循環之中。後來實在沒辦法，只好去看醫生。

幫我看診的是一名燙著捲髮的女醫生，她一看到我的症狀就說：

「這是跳蚤，是被跳蚤咬了之後會有的腫包，這是貓蚤咬的。你有接觸貓或狗嗎？」

採集夏季蜘蛛的裝扮。

我：「沒有。」

醫生：「那麼，你有去〇〇公園嗎？那裡的草叢有貓蚤。」

我：「我沒去那個公園，不過，我常接近草叢。」

醫生：「那就對了。可是，通常跳蚤都是咬腳，很少會咬手。」

我：「對了，我經常蹲下來捉蟲。」

醫生：「蟲？不是捉昆蟲，而是捉蟲？你是在做什麼研究嗎？」

我：「嗯，正確來說不是昆蟲，是蜘蛛。」

醫生：「什麼！蜘蛛？我最討厭蜘蛛了！天哪！」

我：「（這麼怕蟲還來當皮膚科醫生啊！）」

醫生：「說真的，蜘蛛還算好的，畢竟有八隻腳嘛。我最討厭的是壁蝨。好討厭喔！」

我：「壁蝨也是八隻腳。」

醫生：「天啊！」

自從有了這個經歷之後，不管天氣多熱，我再也不會穿著短褲拖鞋就去觀察蜘蛛。我會全副武裝，做好萬全準備。

陷入情網的蜘蛛

第4章

公蜘蛛用腳生孩子

「愛情是盲目的，戀人們看不見自己做的傻事。」

這是出自莎士比亞《威尼斯商人》的名言。不可否認的，被愛情沖昏頭看不見周遭時，就會做出一些別人看來很愚蠢的傻事。如果現在有時光機，我一定會回到過去綁架還不成熟的十幾歲的我，好好唸他一頓，要他別做傻事，以免留下有的沒有的黑歷史。

話說回來，從人類的眼光來看，公蜘蛛和母蜘蛛之間也有一些不正經的、有的沒有的行為，像是公蜘蛛是用腳將精子送給母蜘蛛的。各位可能一時間不知道我在說什麼，因為這已經超越人類的常識。

包括人類在內的大多數動物，都使用腹部的交尾器繁衍後代。不過，蜘蛛在口器的左右兩邊，各有一個從如腳一般的附肢變形演化而成的「觸肢」，相當於交尾器。但由於「交尾」具有腹部交疊的意思，交尾這個名詞不適用於蜘蛛的繁衍型態，因此改用「交配」一詞。

由於觸肢原本是附肢，與大多數動物的交尾器不同，觸肢與腹部的精巢並不相連。因此，性成熟的公蜘蛛會用絲做一個類似盤子的東西，將精子放在上面，再吸入左右觸肢前端的袋子裡，暫時存放。如此即完成以觸肢為工具的交配準備，充電完成。

公蜘蛛的觸肢有個袋子，為了將精子送入母蜘蛛的外雌器，構造相當複雜，前端會膨脹得像拳擊手套一樣。另一方面，母蜘蛛的觸肢呈細長棒狀，只要清楚這一點就能輕鬆分辨蜘蛛的性別。

母蜘蛛會積存收到的精子

母蜘蛛交配器的構造與人類截然不同，為了配合公蜘蛛左

公蜘蛛的觸肢。這是用來傳送精子的交配器，前端會膨脹。

提供：京都九條山自然觀察日記

右兩邊各一個的觸肢，母蜘蛛用來接收精子的儲精囊也是左右各一個，上面有能與觸肢連接的孔洞。母蜘蛛從邂逅的公蜘蛛接收精子後，能夠儲存在儲精囊裡，延長精子的生命。當母蜘蛛準備好產卵，就會利用儲精囊繁衍後代。為此，蜘蛛無須像人類一樣必須為了生小孩頻繁「辦事」，公蜘蛛與母蜘蛛只要交配一次，無須生活在一起。

從公蜘蛛的角度來看，完事後絕對不能悠閒地待在母蜘蛛身旁，因為蜘蛛是性食同類的生物。

盡可能吃多一點，產下夠多的卵，是雌性生物最大的成就，因此只要是能吃的動物，牠都會吃，即使是自己的同類也不放過。其實從攝取均衡營養這個觀點來說，同種蜘蛛的身體是最有效率的食物來源，因為牠們體內的營養成分應該和自己最接近，不會浪費。

由於這個緣故，**向自己求愛的公蜘蛛是母蜘蛛眼中很美味的食物。**公蜘蛛也不希望自己變成獵物，因此一般來說，公蜘蛛完事後會立刻去找下一個交配的目標，避免遭到母蜘蛛的攻擊。

不過，有些公蜘蛛會待在母蜘蛛的網子裡或旁邊，看起來像是同居一般。這種情形通常是公蜘蛛在等待母蜘蛛性成熟，或是牠們已完成交配，守在母蜘蛛身邊是要趕走其他想要一親芳澤的公蜘蛛。牠們並不是想與跟自己有「親密關係」的母蜘蛛一起生活，或是想要照顧母蜘蛛。

對公蜘蛛來說，與母蜘蛛同居且重複交配，一點好處也沒有，不如將時間拿去找更多母蜘蛛，產下多樣化的後代子孫，更有利於綿延子嗣（請注意，這不是種的繁榮，只是讓自己的血脈開枝散葉，繁榮家族罷了）。

從公蜘蛛的角度來看，他也不喜歡母蜘蛛和自己以外的公蜘蛛在一起，原因很簡單，因為這麼一來母蜘蛛生出來的小孩不一定都是他的。母蜘蛛和自己以外的公蜘蛛交配，會讓自己的小孩數量變少。為了避免這一點，公蜘蛛會去找沒有交配經驗的母蜘蛛，或是阻止與自己交配的母蜘蛛接受其他公蜘蛛的精子。

性食同類是合理的選擇？

母蜘蛛會將公蜘蛛當成食物吃掉，身為男性，這個話題喚醒了深藏在我心中最原始的恐懼感。求愛的公蜘蛛會有一定比例成為母蜘蛛的食物，但比例多寡各種不同，有些將近九成會被吃掉，有些則幾乎不會被吃掉。

最近我觀察了有交配行為的種類，發現公蜘蛛被吃掉的比例不超過一成，稍微可以放下心來。不過，偶爾我還是會遇到母蜘蛛捕捉公蜘蛛，用絲把公蜘蛛纏起來的場景。雖然每次遇到這種情形都很想幫公蜘蛛一把，但這麼做會影響我的研究數據，因此只能無情地看著公蜘蛛被吃掉。公蜘蛛，對不起。

吃同類有兩種時機，一個是交配前正在求愛時，另一個則是完事後。若是完事後，代表公蜘蛛在繁衍後代這件事情上，對母蜘蛛已毫無作用，公蜘蛛若能將自己獻給母蜘蛛當食物，還能為母蜘蛛增添營養，進而產下更多的子嗣。從這一點來看，成為母蜘蛛的盤中飧是一門划算的生意。

研究顯示，母蜘蛛吃下公蜘蛛後產下的後代，生存率較高。由此可見，交配後性食同類並非戀人間的無腦行為，而是符合雌雄之間利害關係的合理舉動。

赤背寡婦蛛是一九九五年被發現入侵日本的外來種，被牠咬到會感到十分疼痛，直到現在只要發現牠的蹤影，就會喧騰一時。

姑且不論這一點，**雄性赤背寡婦蛛的自殺行為相當有名**，為了讓母蜘蛛在交配時吃下自己，公蜘蛛會自己移動到母蜘蛛的嘴巴前。赤背寡婦蛛的公蜘蛛就算從母蜘蛛身邊逃走，他也很難找到其他的母蜘蛛，與其如此，不如乾脆一點給剛剛跟自己交配的母蜘蛛吃，還對自己有利一些，專家認為這是公蜘蛛故意跑到母蜘蛛前給她吃的原因。

儘管本能上我大喊著「快拒絕承認這種行為是合理的！」，但看到證據顯示，公蜘蛛獻身可以讓母蜘蛛產下更多後代，我也不能不接受。合理這兩字簡直要造成我的心理陰影了。

另一方面，乍看之下，求愛中的性食同類對公蜘蛛來說只是被吃掉而已，完全沒有任何好處，真是太蠢了。母蜘蛛也可能錯失接受精子的機會，一點也不聰明。不過，也有專家認為，這是母蜘蛛正在選擇自己喜歡的交配對象。如果來求愛的公蜘蛛充滿魅力，母蜘蛛就收下他的精子；如果母蜘蛛不喜歡，就把公蜘蛛吃掉。若真如此，這對母蜘蛛來說就是很合理的行為，而公蜘蛛注定會敗給母蜘蛛，最後被母蜘蛛吃掉。

為什麼公蜘蛛注定敗給母蜘蛛？

話說回來，為什麼公蜘蛛注定敗給母蜘蛛？這有可能是因為公蜘蛛和母蜘蛛的體型差異太大。蜘蛛與人類不同，通常母蜘蛛的體型比公蜘蛛大。體型大小攸關力量強弱，基本上母蜘蛛是不顧公蜘蛛反對，硬是將公蜘蛛吃掉的。

姑且不管赤背寡婦蛛這類極端情形，原本看似符合雙方利益的交配後性食同類，現在看來只是公蜘蛛打不過母蜘蛛，最後被吃掉的結果。想到這裡，不禁令人背脊發涼。

至於公蜘蛛和母蜘蛛的體型究竟相差多少？會結網的蜘蛛比不結網的蜘蛛差異大。**公蜘蛛的體型比母蜘蛛小一到兩號，若不特別說明，根本看不出這是同一**

*審訂注
以台灣常見的人面蜘蛛為例，在最極端的情況下雄蛛體重是雌蛛的五百分之一！

**審訂注
在台灣以人面蜘蛛進行之研究結果顯示，雄蛛採取的是「人海戰術」，藉由縮短生長期盡快地成熟，然後四散尋找分布在野外的雌蛛。他們致勝的關鍵是看誰可以搶先一步找到剛蛻完皮達性成熟的雌蛛，趁著雌蛛還軟弱無力時先馳得點完成交配。

種蜘蛛。＊性成熟的公蜘蛛會放棄覓食，努力尋找母蜘蛛，繁衍自己的後代。或許是因為這個緣故，體型較小的公蜘蛛身上沒有任何多餘的負擔，更有利於四處奔波。另一方面，母蜘蛛體型愈大可以負荷愈多的卵，或許這就是兩者體型愈差愈大的原因。＊＊

一般來說，以身體比例而言，公蜘蛛的腳很細長，腳愈長，求偶時最重要的身體就能離母蜘蛛遠一點。如此一來，即使遭受母蜘蛛攻擊，公蜘蛛也能像蜥蜴斷尾求生一樣，割斷自己的腳，快速逃離現場。此外，腳愈長移動速度愈快，也有助於早日找到母蜘蛛。事實上，有些遊獵型蜘蛛是由母蜘蛛來找公蜘蛛，這種狀況下，母蜘蛛的腳比公蜘蛛長。

公蜘蛛的性食同類趨吉避凶大作戰

有些公蜘蛛會自願獻身給母蜘蛛吃，例如赤背寡婦蛛，但有些種類的公蜘蛛會想方設法避免自己被吃掉。原以為蜘蛛的性行為已經打破人類的

送食物求愛的跑蛛科蜘蛛，左邊的公蜘蛛嘴裡啣著食物。

常識，沒想到牠們想到的點子更是厲害，人類根本望塵莫及。

舉例來說，公蜘蛛會在求愛時送禮物給母蜘蛛。公蜘蛛會趁母蜘蛛吃東西的時候把事情辦完，因為此時母蜘蛛嘴裡都是食物，根本無暇吃公蜘蛛。

不過，並非給母蜘蛛吃東西就能確保公蜘蛛的安全，因為有些種類的母蜘蛛會捨棄食物，直接朝公蜘蛛攻擊。遇到這種情形，公蜘蛛還有絕招伺候，那就是裝死，靜止不動。母蜘蛛看到公蜘蛛死了，就會轉而去吃公蜘蛛送的食物。公蜘蛛再趁隙完成交配。

公蜘蛛雖然不想但還是會被母蜘蛛吃掉的，只有打不過母蜘蛛的時候。因此，公蜘蛛要盡量避免和母蜘蛛正面衝突。

公的橫帶人面蜘蛛使出的招數，是等母蜘蛛蛻皮後的時機。節肢動物蛻皮後，身體表面相當柔軟，行動也不如以往靈活。公蜘蛛會尋找還差最後一次蛻皮就性成熟的母蜘蛛，並在她的網子邊緣附近住下來，靜靜等待機會。等到母蜘蛛蛻皮，露出柔軟的身體時，他就悄悄接近，完

試圖與蛻皮後的母蜘蛛交配的雄性橫帶人面蜘蛛。

提供：北杜市大紫蛺蝶中心

成交配。這個過程未免太過卑微，真令人忍不住掬一把同情之淚。

有些公蜘蛛會在交配前用絲纏住母蜘蛛的頭與前腳，就像蜘蛛人做的那樣，讓對方動彈不得，無法進攻。看到這種直接又粗暴的方法，真的會忍不住想為公蜘蛛拍手叫好，但有專家認為，母蜘蛛之所以靜止不動，是因為蜘蛛絲上含有費洛蒙，可鎮定母蜘蛛的情緒，減緩攻擊性。如果是用香氣迷倒對方，這個方法還真是旁門左道呢！

各位可能以為公的赤背寡婦蛛自願被母蜘蛛吃掉，是很可憐的犧牲者，但最近有研究發現，他其實會以一種外界意想不到的方法避免性食同類的結果。戰術很簡單，既然力量比不過成熟的母蜘蛛，就找未成年的母蜘蛛，讓她乖乖就範。

追根究柢，在動物的世界中，大人的定義是擁有繁殖能力。換句話說，小蜘蛛的身體尚未成熟，基本上是不能交配的。但如果是只差最後一次蛻皮就性成熟的小蜘蛛，她的腹部已經有受精囊，唯一的問題是接受精子的洞孔尚未打開。

此時公蜘蛛會用牙刺向小蜘蛛的腹部，在受精囊上開洞，接著再將精子送進去。即使小蜘蛛蛻皮，精子還是會繼續在受精囊裡生存，等到性成熟的時機一到，母蜘蛛就能立刻用精子產卵。由於小母蜘蛛不會吃公蜘蛛，因此公蜘蛛便使用這個方式保全自己的生命。

奪愛戰爭

在交配之前，公蜘蛛必須找到母蜘蛛並向她求愛。公蜘蛛是透過什麼方法在廣闊世界中尋找母蜘蛛的？關於這一點，專家還有許多未解之謎，只知道蜘蛛網似乎是重要關鍵。公蜘蛛發現蜘蛛絲的時候，只要摸一下就知道是不是自己要找的母蜘蛛，因為蜘蛛絲含有費洛蒙。有些種類的公蜘蛛甚至可以知道，這隻母蜘蛛是否交配過。若是自己要找的母蜘蛛，公蜘蛛只要沿著蜘蛛絲，就能找到目標。順帶一提，蜘蛛絲不是紅色的（譯者注：暗喻月老的紅線）。

就算真的幸運之神降臨，找到了母蜘蛛，有時也會遇到已經有其他公蜘蛛捷足先登的情形。此時後到的公蜘蛛有兩個選擇，一是放棄，尋找其他的母蜘蛛；二是與先來的公蜘蛛打一架，奪取母蜘蛛的青睞。

就算勇敢追愛，也不能做虧本生意。一旦打架，雙方都有受傷的可能性。我經常在野外發現缺了幾隻腳的公蜘蛛，他們通常不是從母蜘蛛的嘴裡逃生，就是曾經和其他公蜘蛛激烈奮戰。

當蜘蛛被其他動物咬住腳，情況十分危急時，蜘蛛可以斷「腳」求生。雖然會失去一隻腳，但總比被咬住後吃掉來得好。

公蜘蛛失去一兩隻腳也不會死，**蜘蛛腳關節的結構原本就可以自行切斷，切口處不會大失血**。不過，缺腳缺腿會影響行動，提高被天敵吃掉的風險，就算打架打贏了，也不容易順利地與母蜘蛛交配。

不想打架，那就表現自己的優點吧！

話說回來，就算對方說「來打一架！贏的人可以抱得美人歸」，自己也不要胡亂答應，捲起袖子就上。理論上，應該要判斷自己跟對方誰比較強，再決定要不要打一架。

此外，也要評估值不值得為那隻母蜘蛛打一架。假設母蜘蛛體型龐大，又沒有交配經驗，可以產下較多的子嗣，即使自己打贏的希望較低，也要放手一搏。

不過，這個邏輯存在著一個很大的問題，那就是該如何知道自己與對方誰比較強？人類只要和周遭的人長時間往來，無須直接對決也能大概知道彼此的實力差距。可是，兩隻公蜘蛛碰在一起，絕對是牠們長這麼大以來的第一次見面。如何才能在不打架的前提下，知道對方的強弱？

這個問題的答案就是顯露自己的長處，此方法可以讓對方知道自己有多強。以蠅虎為例，兩隻公蠅虎會面對面，張開前腳與下顎，比比看誰的體型比較大。體型大小攸關打架實力，因此只要比體型就能看出彼此強弱。

有些種類則是會比身體表面的顏色與圖案。**這類型的公蜘蛛若是營養狀態或健康狀態較好，身上的顏色就會較鮮豔，圖案也較大。***身體健康良好代表有足夠的體力應付打架，不要與顏色鮮豔的公蜘蛛正面對決才是聰明的選擇。

公蠅虎會張開前腳，比體型大小。

提供：PIXTA

無論如何，互比長處可以預估彼此的實力。若覺得自己沒有贏面，就應該立刻逃之夭夭。事實上，強者也希望弱者識時務，主動退出。無論自己的實力有多堅強，打架時難免會出現意想不到的狀況，有時很可能會受傷，對方也可能走狗屎運，不小心一拳就打倒自己。因此，不戰而勝是再好不過的事了。

話不多說，立刻求愛！

只要周遭沒有競爭對手，就可以順利進入求愛階段，這對公蜘蛛來說是一生中最重要的場面。原因很簡單，成功就能繁衍後代；若是失敗，最糟的狀況就是被母蜘蛛吃掉。可說是天堂與地獄之分。

首先，公蜘蛛要做的事情是，告訴母蜘蛛「妳眼前的生物是與妳同種的雄性」。為了達成這個目的，各種蜘蛛都有固定做法，公蜘蛛只要按照慣例，完成儀式般的行為即可。這一連串的過程就像暗號，讓母蜘蛛從中讀取訊息。

如果是母蜘蛛會依照自己的喜愛選擇公蜘蛛的種類，公蜘蛛還會向母蜘蛛展

審訂注——在台灣低海拔山區溪流岸邊常見的夜行性溪狡蛛也有此特性。在台灣進行的研究顯示，營養狀況較好、體型大的雄蛛，其背甲上的醒目白色條狀斑紋之面積也就愈大。

示自己的身材條件，例如打架會不會贏，身體健康與否等。只要確實傳達相關訊息，對母蜘蛛也有好處，因為她產下的後代可以從公蜘蛛那裡獲得優良基因。

蠅虎與狼蛛會充分動用五感，向母蜘蛛表現自己。有些狼蛛科的公蜘蛛會散發費洛蒙，利用前腳或觸肢像鼓一樣敲打地面，一邊傳遞振動，一邊展露前腳上濃密的毛。濃密的腳毛代表公蜘蛛的優質條件，是向母蜘蛛表現自己最重要的一環，因此，腳毛愈濃密，愈容易讓母蜘蛛選上。*

公蠅虎則會繞到母蠅虎前面，抬起左右兩邊的腳，踏著輕快的步伐並製造振動，跳起求愛舞。母蠅虎的眼光完全跟隨著公蠅虎的動作。蠅虎科中不乏公蜘蛛體色鮮豔的種類，公蠅虎的外觀是自己能否求愛成功的關鍵。

這類蜘蛛體型雖小，視力卻很好，這是牠們以上述條件擇偶的原因。牠們都屬於不結網的蜘蛛，因此除了用腳感受振動之外，也必須藉由其他方式，掌握遠方的情形。

蠅虎的八隻眼是繞著頭部長一圈的，幾乎擁有三百六十度的視野。正前方兩隻眼睛的視力最好，用來解讀物體的形狀。以體型如此嬌小的生物來說，蠅虎的

審訂注

在台灣很常見的夜行性白額高腳蜘蛛（俗稱「喇牙」），其額頭上的白色斑紋也在雄蛛的求偶上扮演重要角色。在台灣進行之研究發現，雄蛛會抖動第二對步足向雌蛛求偶，當實驗性地刮除雄蛛額上的白色斑紋，會顯著降低其被雌蛛的接受度。

視力好到驚人，其中解析度最好的種，只要是進入視野內視角〇・〇四度以上的物體，牠都能分辨。換句話說，位於一公尺遠、零點七釐米的物體，視力最好的蠅虎科蜘蛛都能看到。說得更具體一點，從地上看見的滿月，視角為〇・五度，因此蠅虎科蜘蛛可以看到比月亮直徑十分之一還小的物體。說不定蠅虎科還能看見滿月上的玉兔呢！

話說回來，這兩隻眼睛雖然視力超好，但視野狹窄，由於這個緣故，蜘蛛會將身體轉向自己想看的物體，或是讓眼睛深處的視網膜到處轉動，看清楚身邊的東西。

蜘蛛也會談戀愛嗎？

結網型蜘蛛會晃動蜘蛛絲，利用絲的振動求愛。就像獵物纏在網子上產生振動一樣，雄蜘蛛的熱情也會透過絲傳達給母蜘蛛。牠們不會透過視覺看對方，說得準確一點，造網型蜘蛛的視力相當差。

母蜘蛛如何辨別公蜘蛛的條件優劣？造網型蜘蛛中，有些種類的母蜘蛛只要是同種，什麼樣的公蜘蛛都可以，她們沒有好惡之分。母蜘蛛可說是一直待在同一地方，原本就少有機會可以邂逅公蜘蛛，哪有東挑西揀的餘地？

在造網型蜘蛛的求愛方式中，公蜘蛛會先入侵母蜘蛛的蜘蛛網，朝內側走去。公蜘蛛會用腳不時勾起並拉動蜘蛛絲，告訴母蜘蛛「我不是食物，千萬別弄錯」，動作十分地緩慢慎重。母蜘蛛也會回應公蜘蛛，晃動網子。

有些種類的公蜘蛛會直闖網中央，直接觸摸母蜘蛛向她求愛，但大多數情形下，公蜘蛛會先離開網子，用自己的絲從外面連結母蜘蛛的網，接著再用腳有節奏地拉緊或拍打這條絲。

公蜘蛛引起的振動會透過絲傳遞到蜘蛛網，再沿著縱絲傳給位於中心處的母蜘蛛。這就是愛的訊號。母蜘蛛感受到公蜘蛛的存在後，便往振動的方向走去，再沿著垂掛著公蜘蛛的絲往下走。公蜘蛛也一邊晃動著自己吐的絲，慢慢地接近母蜘蛛。

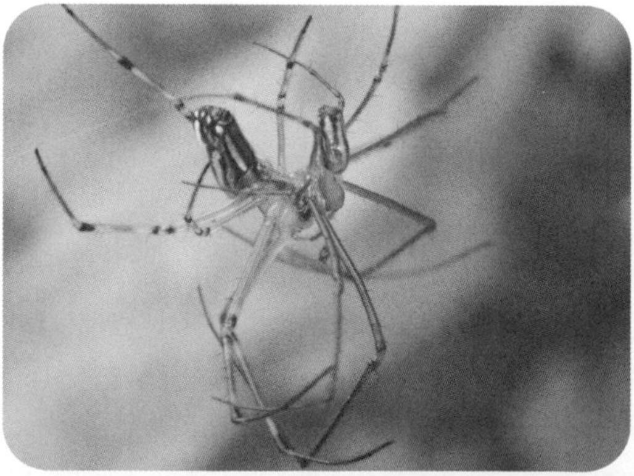
交配中的肩斑銀腹蛛。

等他們熟悉之後，母蜘蛛的前腳就會離開蜘蛛絲，只有後腳站在絲上，對著公蜘蛛露出腹部的交配器。此刻，兩性之間從求愛開始的結合到達高潮，公蜘蛛伸出前腳觸摸母蜘蛛的身體，順勢伸出觸肢緊貼母蜘蛛，將精子送進去。蜘蛛的交配與人類的交配截然不同，已超越人類可以理解的境界，雖然我早已看過好幾百次，但每每看到這個場景，我還是很感動，興奮不已。

由於這個緣故，對於造網型蜘蛛而言，愛情真的如人們所說是盲目的。不過，他們與她們所做的行為並不愚蠢，無論這些事在人類看來有多無法理解，都是具有某種合理性的。

蜘蛛之間真的有愛情嗎？我不知道，但公蜘蛛不顧危險，向母蜘蛛求愛交配的模樣，以及母蜘蛛小心翼翼慢慢走出自己網子的姿態，都能看出雙方的心早已野火燎原，無法壓抑。

令人怦然心動的蜘蛛圖鑑

笑臉蜘蛛 *Theridion grallator*

這是棲息在夏威夷的一種姬蛛科蜘蛛，腹部的圖案因個體有很大差異，部分個體看起來像是人類的笑臉，因此得名。專家認為這類蜘蛛身上的圖案之所以每隻都不同，是為了混淆天敵。就像我們人類在尋找獵物時，會先在腦中想像具體的形象，鳥類也會事先決定要抓哪一種蜘蛛，才開始尋找獵物。獵人事先設定好最常見的模樣，就很容易找到獵物，換句話說，圖案少見的蜘蛛較容易倖存下來。笑臉蜘蛛的腳很長，平時棲息在葉子後面結薄膜狀的網來捕捉獵物。

提供：PIXTA

孔雀蜘蛛 *Maratus* spp.

絕大多數棲息在澳洲，屬於蠅虎科的一種，總共有超過八十種以上。大多數雄性孔雀蜘蛛背上有著極豔麗的彩色圖案。求愛時，公蜘蛛會抬起腹部，將背側朝向前方，往左右兩邊晃動。於此同時，他還會上下擺動有裝飾圖案的第三對腳跳舞，這也是日本人稱他為「孔雀蜘蛛」的原因。不少雄性孔雀蜘蛛的腹部呈扇狀，平時是疊收起來的，求愛時會打開展示，或是將長在腹部邊緣的毛立起來，提高求愛的效果。反觀雌性孔雀蜘蛛的身體顏色十分單調樸素，和公蜘蛛完全不同。

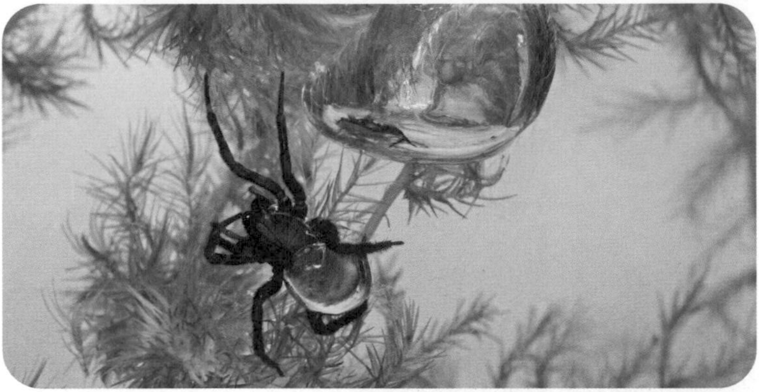

提供：alamy

潛水鐘蜘蛛 *Argyroneta aquatica*

這是全世界唯一棲息在水中的蜘蛛，因為沒有腮，所以需要呼吸空氣。牠會在湖沼裡生長的水草周邊，吐絲做巢，打造自己的居住空間。牠也會浮出水面，在長滿毛的腹部四周做出空氣泡泡，再潛入水中，將泡泡帶進自己的巢裡。此外，牠還會從巢裡游出，捕捉水生昆蟲等水中的小動物，帶回家享用。潛水鐘蜘蛛屬於北方系的種，廣泛分布在亞洲到歐洲等地區。日本雖有，但數量極少，屬於易危物種。

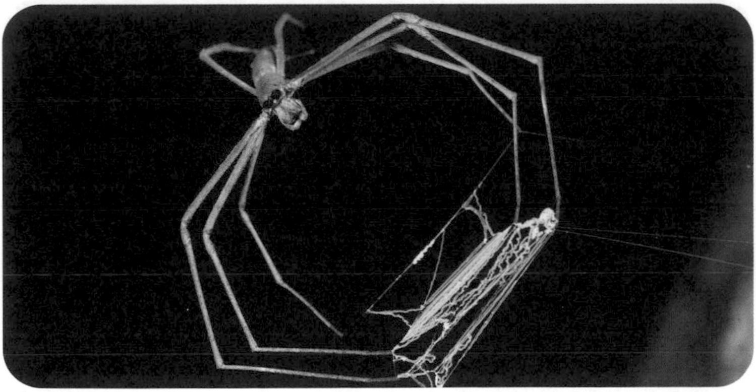

提供：alamy

鬼面蛛 *Deinopis* spp.

平時不會結大型網子，而是待在離地面有一段距離的地方，頭朝下，以絲垂降，並帶著一張可以隨身攜帶的小網，用兩對前腳撐開，等待獵物上門。若有獵物從網子下方走過，鬼面蛛就會帶著網子撲過去。每次抓到獵物，都要重新結一張網。鬼面蛛屬於夜行性動物，正面有一對很大的眼睛，讓牠在光線極少的環境中也能看見獵物，日文名稱「目玉蜘蛛」就是由此而來。在造網型蜘蛛中，鬼面蛛是少見視力很好的種類。約有五十種廣泛分布在熱帶地區，未棲息在日本，但是在台灣並不罕見，主要分布在人為干擾較少之低海拔地區之灌叢。

©Judy Gallagher 2017

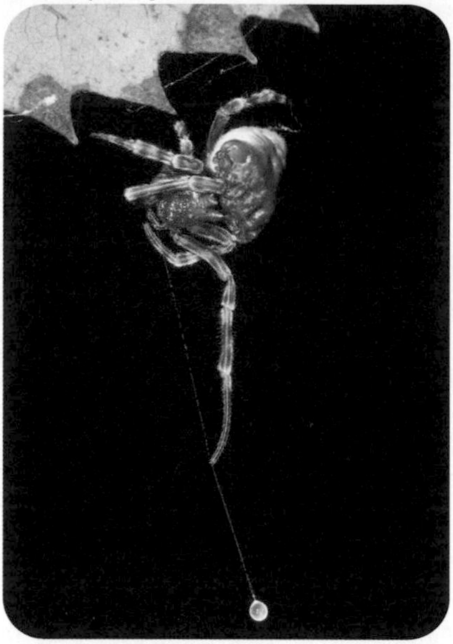

流星錘蜘蛛

Mastophora spp.

流星錘蜘蛛也不結網，會做一條前端有一顆大黏球的絲，從第二對腳垂下，像套索一樣往外拋。流星錘蜘蛛是專門捕捉蛾的專家，牠會釋放出一種物質，味道近似雌蛾用來吸引雄蛾的費洛蒙，欺騙雄蛾上鉤。約有五十種分布在新大陸，日本有兩種以相同方式獵食的瘤腹蛛屬，包括六刺瘤腹蛛與何氏瘤腹蛛，這兩種蜘蛛都棲息在愛知縣，屬於極危與瀕危物種。台灣也有零星之報導紀錄，極為罕見。

©Lalueza-Fox, C.; Agnarsson, I.; Kuntner, M.; Blackledge, T.A. 2010

提供：alamy

達爾文樹皮蛛 *Caerostris darwini*

達爾文樹皮蛛結出來的網子是全世界最大的，在橫幅達二十五公尺的河川或湖泊兩端牽一條絲，於其下方垂著一張圓形網。圓形面積最大可達二 ・ 八平方公尺。達爾文樹皮蛛棲息於馬達加斯加島，是二〇一〇年登錄的新種。牠的蜘蛛絲是全世界最難切斷的絲，延展性相當好，必須花極大的力氣才能切斷。平均來說，達爾文樹皮蛛的絲比其他蜘蛛的絲強韌兩倍。由於蜘蛛絲斷裂會讓自己掉入水裡，因此才會演化出不容易斷裂的絲。因為另有外觀類似樹皮的近緣種，以及達爾文樹皮蛛發現的日期剛好是達爾文出版《物種起源》一百五十年後的同一天，因此得名。

©Ryan Somma 1980

提供：alamy

巨人捕鳥蛛 *Theraphosa blondi*

棲息於南美洲熱帶雨林，腳伸長後可達三十公分，是全世界體型最大的蜘蛛，又稱為「歌利亞食鳥蛛」。不過，這種蜘蛛名不符實，巨人捕鳥蛛幾乎不吃鳥類。捕鳥蛛科在日本被俗稱塔蘭圖拉毒蛛，塔蘭圖拉毒蛛長期被誤解為是毒蜘蛛，其實具有足以危害人類的劇毒種類並不多，巨人捕鳥蛛也是如此，無須擔心牠有毒性。不過，這種蜘蛛有一個保護自身安全的絕招，那就是牠會用腳磨擦掉長滿腹部的毛，並朝天敵丟去，一旦被這些長得像魚叉的螫毛刺傷，會產生劇烈的搔癢感。

提供：alamy

棘蛛 *Gasteracantha* spp.

腹部擁有棘狀突起的蜘蛛，橫長形的腹部很堅硬，約有一百種分布在非洲、南亞、東南亞、東亞、澳洲與新大陸。熱帶可見棘較大的種類，有些棘蛛的棘往斜後方伸出，長度為腹部的四倍。此外，不少棘蛛的腹部有彩色圖案，不同種類的主色調也不同，包括紅色、黃色、橘色、黑色、褐色、藍色、綠色等鮮豔的顏色。日本的棘蛛長著六支短棘，腹部圖案為白底黑色，顏色較為樸素。在埼玉縣、三重縣、愛知縣為易危物種，沖繩縣有棘蛛的近緣種短棘蛛。棘蛛屬的蜘蛛在台灣相當常見，分布在低海拔地區的人工或自然環境，共有棘蛛、乳頭棘蛛及廣腹棘蛛三個種類。

第5章 從蜘蛛角度思考之1 什麼是個性？

有個性不是「特別」的意思

每年春天，女子大學的校園裡到處都是穿著面試套裝的學生。她們一邊走一邊談論著「該怎麼選公司和工作呢？」、「我到底適合什麼樣的工作？」、「面試時不知道要說什麼」等話題。

和學生們接觸久了，我發現一件事。許多人認為「有個性」就代表「特別」、「和平常不一樣」的意思。

這些學生參加學校就業輔導處開設的講座時，若講座老師告訴她「展現個性是很重要的」，她就會說「我做不到，我只是個普通的大學生，一點也不特別……。」

可是，「個性」不是這麼一回事。

養寵物的人應該會感受到，狗與貓都有「自己的個性」。有些貓一看到家裡出現蜘蛛，就會立刻去抓；有些貓即使蜘蛛從牠身上走過，牠也毫無反應，個性十分溫馴。同樣是貓，同樣看到蜘蛛，卻有不同的結果。這就是人類眼中的個性。

人也是一樣的。求職時，有些學生早早就送了申請書，積極拜訪畢業的學長姐，拿到許多內定機會，接著只要好整以暇地選擇公司即可；有些學生遲遲提不起勁，什麼也不做，就這樣一天拖過一天。

在動物行為學的世界中，個性已經是從二十世紀末開始最重要的課題之一。原以為動物都是一樣的，仔細調查之後，才發現大家都不一樣。

家裡養貓或養狗的飼主，一定會忍不住吐槽：「這還用說嗎？連這個都不知道，你們學者還真是不食人間煙火啊！」隨著研究日益精進，**發現無論是魚、昆蟲、章魚、海葵，甚至是蜘蛛，每個個體都有自己的個性。**說不定，所有動物都是如此。當然，人類也有自己的個性。所以我實在不能理解，為什麼學生們會認為自己沒有個性呢？

話說回來，光是做不一樣的事，不代表有個性。生物會做什麼事有時候是偶然，這種偶然讓不同個體做出不同行為。

舉例來說，兩個人猜拳時，各自會出剪刀石頭還是布，純屬偶然。因此不能說一個人出布，另一個人出石頭，就說這是因為個性使然，兩人才會出不同的拳。不過，這個世界上會不會有每次猜拳一定出布的人？無論是小時候和朋友玩猜拳遊戲，參加研討會猜拳決定上台發表的順序，或是和朋友們聚餐，猜拳決定誰吃盤子裡最後一口菜，每次一定都出布。我想現實生活中應該沒有這樣的人，但如果真的有，我相信身邊的人一定會說「他就是這樣的人」。

這才是個性。無論在任何情況下，都會展現一貫性。這是個性的本質。

如何因應入侵者的一貫性

一貫性有兩個面向。一個是在同樣狀況下，重複相同行為。

容我以硬類肥蛛來說明。假設現在有一隻硬類肥蛛闖入其他蜘蛛的網子，網子主人的反應各有不同，有些會咬對方、追趕對方，激烈攻擊入侵者。這類的硬類肥蛛並非只在這種情形下突然變得很生氣，具有攻擊性。不一會兒，如果還有其他蜘蛛闖入，牠也會和剛剛一樣，瘋狂攻擊入侵者。

另一方面，有些硬類肥蛛遇到入侵者，頂多只會晃動網子，嚇嚇對方，或是靠近對方，觀察對方的狀況，如此而已。這類溫馴的個體，無論有多少入侵者闖進牠的網子，牠的反應都很溫和。這種情形下，可以歸類出「硬類肥蛛有兩種主要個性，分別是『攻擊性 vs. 溫和性』」的結論。硬類肥蛛還有其他的個性表現，例如被人類抓到，放進飼育箱時，有些會立刻四處走動，探索箱子裡的空間；有些則待在箱子裡，一動也不動。

無論任何場面行為舉止都有共通點的一貫性

另一種一貫性就是，不管前因後果為何，表現出來的行為都有共通點。這裡所說的前因後果，指的是生物做某個行為時身處的狀況。舉例來說，攻擊獵物和被天敵攻擊而進行反擊時，雖然都是做出「攻擊」的行為，遇到的狀況完全不一樣。這就是所謂的前因後果。

當前因後果不同，該做出什麼舉動自然也會不同。不過，在不同的行為之間，可以找出共同的要素。接下來以草蛛為例，為各位說明。

當獵物卡在草蛛結的網子上時，有些個體會立刻去捕捉獵物，有些則一直躲在陰暗角落，遲遲不出來。急著去捕捉獵物的個體，遇到其他蜘蛛闖入自己的網子，也會立刻上前驅趕。

總的來說，「捕捉獵物」和「驅趕入侵者」這兩件事，雖然表面上看起來不同，卻有共通之處，在前者情形下迅速反應的草蛛，遇到後者的狀況也會迅速反應。我們動物學家將這種共通處稱為「個性」。在這類例子上，主要能看出的是「急驚風」與「慢郎中」這種個性，無論遇到獵物或入侵者，蜘蛛都會發揮同樣的個性。

有一種狡蛛的母蜘蛛會順勢吃掉為了求愛而靠近牠的公蜘蛛，這一點相當有名。這類狡蛛的母蜘蛛不介意吃同類，攻擊獵物的時候也很積極，可說是肉食系中的肉食系，肉食系女王啊！這也是習性背後隱藏著「攻擊性」這種個性的例子。

誠如我在第四章所說，許多母蜘蛛會吃掉向自己求愛的公蜘蛛，因此母蜘蛛具有攻擊性並不是一件難以想像的事情。但以狡蛛來說，這種情形的性食同類通常發生在交配前，讓我覺得有些意外，不解雌性狡蛛為何比其他母蜘蛛更具攻擊性？因為母蜘蛛吃掉公蜘蛛不僅無法交配，也會錯失接收精子的機會。

從母蜘蛛的立場來看，這可是賠了夫人又折兵。這下子繁衍後代的機會變得愈來愈低。說得明白一點，蜘蛛的職責是留下大量子嗣，雌性狡蛛的做法真令人一頭霧水。就算公蜘蛛真的很好吃，也不能做這種賠本生意啊！

但話說回來，高度的攻擊性有助於蜘蛛捕捉獵物；相反的，個性溫和的蜘蛛不太容易抓到獵物。未成熟的小蜘蛛不需要繁殖，只要拚命吃，讓自己長大就好，因此攻擊性愈高愈有利。

話說回來，所謂「禍兮福之所倚，福兮禍之所伏」。**肉食系的母蜘蛛在交配前吃掉公蜘蛛，正是因為小時候對自己有利的攻擊性，長大後卻在不同事情中顯露出來。**

前方介紹的草蛛也有類似的狀況。就算食物多到吃不完，只要獵物掛在網子上，具有攻擊性的草蛛也會一一捕捉，用絲纏繞起來。那些被抓起來的獵物就這樣在網子上變成乾屍。說實在的，那些獵物真可憐，草蛛的行為也是白忙一場，但牠會這麼做，完全受到個性使然。雌性狡蛛也是一樣，由於攻擊性太強，因此很難控制。

說個題外話，不是只有蜘蛛和人類會殺死自己不吃的其他生物。蜻蜓的幼蟲水蠆與肉食性蜱蟎，也會隨意殺害其他昆蟲。包括熊、狼、狐狸等，許多哺乳類動物都會在沒必要的狀況下殺害其他動物，最明顯的例子就是貓。在美國，每年有十三億到四十億隻鳥被貓殺害，其中三成是寵物貓。貓既然殺了這麼多鳥，可以想像牠們也殺了相當數量的蜘蛛和昆蟲。寵物貓基本上是由人類餵食，牠們並非為了填飽肚子而去抓小動物，簡單來說，牠們都是在非必要狀況下殺生的。這對被獵殺的小動物來說，真是情何以堪啊！

個性為不合理之母

接著，我要從俯瞰的角度觀察蜘蛛具有的攻擊性。說得淺顯一點，就是要站在神的立場來看。從這個角度來看，不必要的攻擊看似對自己不利，吃掉向自己求愛的公蜘蛛，害自己無法產下後代，更是蠢中之蠢。讓我忍不住想，若能依照實際狀況調整自己的攻擊性，那就完美了。就像上班時受了一肚子氣，回家將情緒發洩在家人身上也於事無補嘛。

不過，若是靜下心好好想想，個性不就是這麼一回事嗎？

如果能巧妙因應各種情形，照理說，只要是同樣的狀況，任何個體都該做出相同行為才是。可是，如此一來，所有個體變得毫無差別，完全沒有個性可言。我覺得這樣的世界很無趣。

反過來說，「有個性」代表生物經常做出不合理的行為。以求職活動來說，面試時最中聽的場面話是「我希望可以在貴公司努力工作，成為一個有用的人」。但有些個性一板一眼的學生，實在說不出這種美麗的謊言。就我而言，我會告訴學生：「這種時候就是要臉不紅氣不喘地說些場面話應付過去就好，我們的目標是要被錄取。」不過，如果整間公司都是這樣的人，反而也令人覺得困擾。每天和同事維持表面的來往，哪有樂趣可言？

言歸正傳，生物的特性若有助於生存，或許能多繁衍後代，而且這樣的生物愈來愈多，就能促進自然界的演化。不過，**這並不表示如今存活下來的生物所具備的特性，都是為了有利於生存或繁殖，刻意經過鉅細靡遺的調整。**

以狡蛛為例，攻擊性愈高，無論遇到任何情形都能因應，總的來說是有利的，但在個別狀況下，可能造成損失。若非如此，就無法解釋看到什麼吃什麼、攻擊性如此之高的母蜘蛛從何而來。

具有攻擊性的個體做決定的速度也快

除了攻擊性之外，還有幾種不同的個性。例如有天敵在場也不管，仍大方覓食與求愛的大膽個體，以及面臨危險立刻躲起來的膽小個體；還有喜歡新事物的個體與念舊的個體；當然也有善於社交的個體與愛好孤獨的個體。這些個性的差異不只存在於人類和蜘蛛，也能廣泛在各種動物身上看見。不僅如此，各種個性類型有時也會互相影響，這個機制較為複雜。

蠅虎住在樹上，當牠發現獵物，想沿著樹枝去抓，有時牠有好幾條路可以選。但有些路到了一半就卡住，或者根本不會到獵物身邊。為了抓到獵物，蜘蛛在出發前一定要選擇正確的道路，要是中途迷路，不知道該往哪兒走，獵物早就跑了。

遇到這種情形，具有攻擊性的蠅虎會比個性溫和的蠅虎，更快選擇要走的路，即使是道路蜿蜒曲折，無法立刻看出哪條路才是對的也一樣。也就是說，即使處於沒時間好好思考的緊急狀態，具有攻擊性的個體也會迅速做出決定。當然，選錯道路的可能性也會變高。

具有攻擊性的個體究竟是過於草率，還是膽子很大，勇於放手去做？無論是哪一種，個性是很複雜的，無法從單一面向隨意斷定。

環境改變個性

討論到這裡，我不禁想了解個性究竟是如何形成的？我為什麼會這麼膽小呢？為什麼那個人總是怒氣沖沖的模樣？

生物的特質包含受到遺傳決定的部分，以及受到環境影響的部分。個性也一樣，至少有一部分是由遺傳決定的。不過，這個比例不會太高。

先前提到的硬類肥蛛，個體之間的攻擊性也有差異。有學者專門研究這些差異中，有多少比例受到父母影響。簡單來說，就是個性中有多少程度是由基因決定的，研究結果認為約占三到四成。如果是其他動物，遺傳決定個性的比例也約為一到四成。

這個結果也告訴我們，思考個性的養成模式時，不能忽略環境的影響。**一隻在周邊什麼也沒有的單純環境中長大的蠅虎，個性中的冒險精神，絕對比不上一隻生長環境中什麼都有，不只是樹枝、青苔、枯葉，還有瓶蓋等人工製品，每天接觸到複雜事物的蠅虎。**在複雜環境中長大的蠅虎，每到一個新環境就會東看看、西瞧瞧，表現出興味盎然的模樣；反觀在單純環境中長大的蠅虎，對於新環境就興趣缺缺。或許是因為複雜環境讓蜘蛛有更多機會查看四周，因此才會培養出冒險精神。

殺蟲劑會抹煞個性

接著也來說一件有點恐怖的事吧。有些人會因為害怕蜘蛛而使用殺蟲劑，如果用量很少，不至於殺死蜘蛛，卻會抹煞蠅虎的個性。說得具體一點，蠅虎被噴過殺蟲劑之後，遇到之前經歷過的相同狀況，卻不會再做出之前的行為。

如果是為了迎合大家做出相同行為而失去個性，那就算了，但行為舉止欠缺一貫性導致失去個性，對大家來說就很困擾了。因為以這個形式失去個性的生物，讓大家搞不清楚牠接下來會做什麼。

如果是像大多數蜘蛛那樣，絕大多數的時間都是獨自生活，影響還不大，但若是螞蟻、蜜蜂、具有社會性的蜘蛛，或是部分鳥類與哺乳類，過著群體生活的生物，牠們每天都要與夥伴朝夕相處。若是有地盤概念的獨居生物，也需要與隔壁鄰居互動。在這種情形之下，對方的行為舉止如果過於誇張，無法預測，就很難維持良好關係。

以集體生活的蜘蛛為例，和夥伴在一起的時間愈長，行為舉止的一貫性就愈強，和獨居蜘蛛的差異也就愈大。*簡單來說，個性會愈鮮明。專家認為，與夥伴相處的過程中，每個人都會找到自己在社會中扮演的角色，此時如果彼此的行動不一致，或角色過於集中，就會削弱彼此的競爭關係。這也是環境發展個性的實例。

強烈的求勝欲望提升自我評價

經驗也會塑造個性。以蜘蛛來說，打架打贏的公蜘蛛對自己充滿自信，假設遇到另一隻過去打架沒贏過的公蜘蛛，即使兩者體型相仿，前者也能輕鬆擊退後者。體型相仿代表兩者實力不相上下，照理說勝率應該有五成，結果卻截然不

中文版編按——此處論述的資料出處為由Kate L. Laskowski與Jonathan N. Pruitt所撰、二〇一四年刊載於《英國皇家學會報告》（*Proceedings of the Royal Society*）的科學論文〈Evidence of social niche construction: persistent and repeated social interactions generate stronger personalities in a social spider〉，但本篇論文於本書日文版出版後的二〇二〇年一月二十九日遭到撤銷，理由為數據可靠度的喪失，因此本處論述僅供參考。

同。這是因為前者有強烈的求勝欲望，牠在打架之前就贏了。

蜘蛛合戰是常見於日本各地的傳統遊戲之一，日本人會帶著自己飼養的蜘蛛，讓兩隻蜘蛛打架，看誰能勝出。在旁邊看熱鬧的人一邊觀戰一邊熱議，看誰家的蜘蛛又贏了，或是討論吃什麼食物能讓蜘蛛變強。

其中最有名的是讓兩隻悅目金蛛在棒子上打架的遊戲型態。經驗豐富的蜘蛛飼主會訓練自己的蜘蛛養成強烈的求勝欲望。在飼育過程中，飼主會刻意找體型小一號的蜘蛛與自己的蜘蛛打架，讓自己的蜘蛛打贏。重複幾次之後，蜘蛛就會覺得自己「百戰百勝」，擁有無比的自信。

人類也是一樣，日本的學制是以四月為新學年的開始，前一年四月出生的孩子與今年一到三月出生的孩子在小學同一班就讀時，由於兩者年齡相差將近一歲，尤其是一年級最能看出差異。事實上，這個差異會持續到成年為止。許多運動選手是四到六月出生，最終學歷較高的人，也大多出生在四到六月。不過，如果已經成年，一歲的差異就不會造成能力上的太大差距，這個結果頗令人玩味。或許在上小學的過程中養成

蜘蛛合戰。兩隻悅目金蛛在棒子上打架。

提供：姶良市加治木町蜘蛛合戰保存會

的求勝慾望或失敗經驗，真的會影響人生，直到成年。

個性也會影響分工

許多學生很討厭參加求職活動，我自己也是以不穿西裝為人生的目標，所以我很能體會她們的心情。所以，我會偷偷建議這些學生：「要不要嘗試獨立創業，一個人工作？」可惜她們都沒認真看待我的建議。

美國有一種厚阿內蛛，這種蜘蛛和一般蜘蛛一樣，有些獨自生活，有些具有社會性，過著群體生活。愈往北，過著群體生活的蜘蛛比例愈高。究竟要獨居，還是群居？哪個生活型態比較好，會受到環境影響。

動物為了活下來，必須做各種工作。社會性動物中，並非所有成員都會做所有工作，而是會專注於自己擅長的部分，這就是分工。每個個體只要做自己擅長的工作即可，熟練自己的工作，提高效率，這就是分工的好處。

舉例來說，現在有兩種必須分別處理的文件，由兩個人來處理，此時有兩種

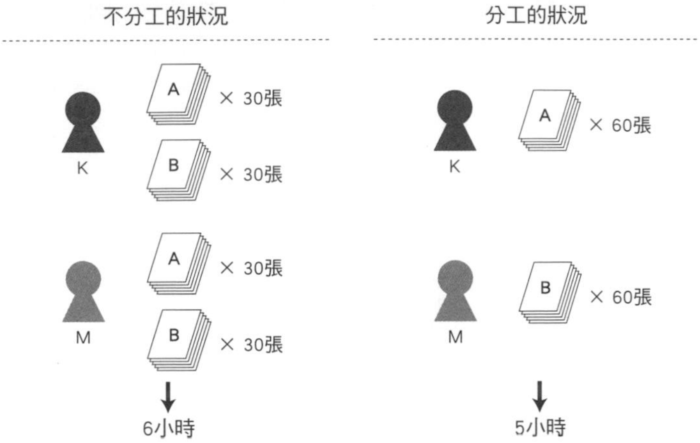

做法：第一是每個人都處理兩種文件，一小時只能處理十張；第二則是一個人處理一種，這種方式的效率較好，一小時可以處理十二張。假設兩種文件各有六十張，如果不分工，總共需要花費六小時；如果分工，只要五小時即可完成。正因如此，過著群體生活的物種才會各自分工，提升效率。

分工的動物無法獨自生活，但因為各自都有自己擅長的技能，大家聚集在一起可以共同完成維持整個社會運作的必要工作。厚阿內蛛也是屬於分工的物種，大致可分成照顧蜘蛛寶寶的蜘蛛，以及捕捉獵物、修補網子等，負責其他工作的蜘蛛。

有效分工的重點在於個性。**誰負責什麼工作，也與攻擊性的強弱有關。**

即使過著群體生活，攻擊性強的個體必須和其他個體保持距離。想想也很合理，要是你身邊就有一個攻擊性強的同伴，說不定你會遭受到他的攻擊。負責養育小孩的職務，絕對不能讓攻擊性強的蜘蛛來擔任，因此，個性溫馴的蜘蛛最適合照顧小孩。相反的，攻擊性強的蜘蛛就負責捕捉獵物，或從事其他工作。這種方式完全體現了適才適所的理想。

由於每個個體負責的工作不同，要是一個社會中全都是攻擊性強的蜘蛛，或許食物無虞，大家都會獵到許多獵物，但就沒有人照顧小孩了，可能無法繁衍後代。總而言之，唯有攻擊性強的個體與個性溫馴的個體一起生活，才能巧妙分配工作，就整體而言，才能獲得更高的成果。社會中存在不同個性的個體，有助於提升整個社會創造出來的成果，各位不覺得這個結論挺有趣的嗎？

專欄

蜘蛛醫生

我十八歲的時候，曾經有兩個星期的時間，立志長大後要當醫生。當時我正在準備考大學，身體出現狀況，覺得自己已經不行了。後來去看醫生，醫生治好了我的身體，我也順利完成應試。我很感謝醫生治好了我的病，所以告訴自己，我未來要做幫助別人的工作，要是這次落榜了，明年我要考醫學院！當時的我真的好傻好天真。偏偏天不從人願，我竟然考上了。我真的不知道為什麼會這樣，但好不容易考上了理學部，所以最後還是去讀了。到頭來，我成為一位無法幫助別人，還賺不到錢的動物行為學家，就這樣度過我的人生。

這樣的我，每天在野外採集蜘蛛，有時還要坐飛機到很遠的地方，將蜘蛛帶回研究室。這些蜘蛛都是我砸了大把的旅費與時間帶回來的寶貝，我希望牠們過得健康快樂。

不料，我用顯微鏡觀察這些我帶回來的蜘蛛，發現牠們的身上附著著蜱蟎或嗜蛛姬蜂的幼蟲，也就是所謂的寄生生物。其實在採集的時候就應該要發現這個問題，但真的很容易錯漏。這下子糟糕了，如此珍貴的蜘蛛要是生病我就頭大了。

這種狀況正是我發揮實力的時候。我決定用外科手術的方式，幫寶貝蜘蛛清除寄生生物。首先，我用二氧化碳氣體迷昏蜘蛛，雖然也可以將蜘蛛放進冰箱冷藏，讓牠失去意識，但二氧化碳氣體的效果最好，立即見效。話說回來，蜘蛛昏迷的時間最多只有一到兩分鐘，我必須抓緊時間，立刻將蜘蛛放在顯微鏡下面動手術。其實方法很簡單，只要用前端磨尖的鑷子夾碎寄生蟲，或將牠移除即可。

有時也會抓到疾病入侵身體的蜘蛛，如果是體內已經有病灶的蜘蛛，身體會呈現奇怪的泛紅現象。有一次就是如此，發現的時候我不以為意，就這樣回家了。隔天從家裡來到研究室，才發現蜘蛛早已成為冰冷的屍體，躺在飼育箱的地上，而有兩個像線一樣細長的透明狀生物，蜷縮在一旁。

糟了，那是線蟲！牠寄生在蜘蛛體內，吃光了內臟後，破體而出。幸好牠們也死了，都成了乾屍，不可能趁打開箱子時飛出來（其實就算牠們還活著也不可能發生這種情形）。無論如何，我還是很震驚。我明明察覺到蜘蛛的異樣，卻沒做任何處理，真的很後悔。

隨著科學的發展與人類的進步，我有時也會做一些違反蜘蛛福祉的手術。例如為了了解蜘蛛交配器的構造，必須將某個部位割下來，觀察會造成什麼樣的影響。這種時候就不能用鑷子靠蠻力拔除，因為我不能損害蜘蛛的身體，況且，要取下小小的交配器上的一個小小部分，光靠普通的鑷子是辦不到的。

正當我不知道該怎麼辦的時候，我發現有一種可以用在眼睛手術這類精密作業的微創手術剪，要價四萬日圓。但權衡輕重下，還是決定買來用，用了之後，我發現它真的很好用，十分鋒利又精細，再小的部位都能精準切除。我不禁猜想，這種微創手術剪到底是哪裡做的？一查才發現，原來是德國的索林根（Solingen）。那不就是小時候，老師說過的的「刀具之城」（City of Blades）嗎？有著如同怪人的名字的索林根果然名不虛傳啊！後來我還為蜘蛛動過一百多次手術，沒有一次失敗。

無論如何，我當不成人類的醫生，卻累積了無數幫蜘蛛治療、動手術的經驗，若自封我是日本唯一的蜘蛛醫生，也不算言過其實吧！十八歲的夢想，我可以說是實現了一半。

從蜘蛛角度思考之2

第6章

我想成為溝通高手

語言帶來麻煩

溝通是一件很難的事情。我每次觀察動物的生活，發現其中有好多場景動物根本無須思考，可是如果換作人類，不多想一點就會出問題。

和學生溝通也是如此，以前年輕的時候我都是順勢而為，想說什麼就說什麼，發生事情再臨機應變。但隨著年齡增長，我和學生的代溝也愈深，已經無法再靠機靈處理事情了。就算我想保持一視同仁的態度，學生也不這麼認為，我們彼此之間的認知有很大的落差。唉，畢竟我的年齡跟他們的父母差不多，會有這種情形也很正常。

事實上，同學之間的人際關係，不一定都能靠溝通就維持友好狀態。不只是女學生，無論是小孩或社會人士，不分男女老幼，我相信所有人都要花很大的心力，才能確實傳達自己的想法。有鑑於此，這一章我將從蜘蛛的角度思考溝通這件事。

話說回來，我們為什麼要溝通？

在動物的世界裡，溝通的目的之一是傳達訊息，改變對方的行為。即使是幾乎終身獨居的蜘蛛，也必須在打架或求愛的時候與同種蜘蛛溝通。不過，牠們不像人類追求的是團結一心、深切理解彼此。

人類用言語溝通，要我說，這是導致紛爭與麻煩的原因，因為言語很容易混雜謊言和虛偽。

舉例來說，學生打電話給我，跟我說「我今天身體不舒服想請假」，但她可能是藉故不來上課，想去別的地方玩。絕大多數的情形，學生是真的身體不舒服，但有時候也會碰上明顯很可疑的情況。但為了避免疑心生暗鬼，我每次都會接受學生的說法，不再追問詳細情形。她是否真的不舒服，我一點也不在意。

這個結果其實代表這次的溝通並不順利。我認為學生說的話可能不是真的，因此我並未全然接受學生提出的請假理由，在這種情形下，無論對方說出什麼樣的理由，都無法改變我的行為，我不可能因為覺得她可憐，就當她今天有來上課。

只要有用任何方式都是溝通

不說話也能溝通。

人類的表情和肢體動作比語言更能表達意思。動物也會透過叫聲、身體的顏色與圖案、舞蹈、姿勢、味道等，讓其他生物知道「自己想說的話」。

例如雛鳥肚子餓的時候會拚命叫，要求媽媽趕緊餵牠們吃飯。如果不叫，鳥媽媽可能不清楚誰還沒吃飯。由於鳥媽媽一天要餵雛鳥好幾次，她不可能記得住哪個小孩還沒吃飯，就算讓人類來記也記不住。不過，每次餵食時，若能知道哪隻雛鳥的肚子有多餓，不刻意記也沒關係。此時鳥媽媽要做的事非常簡單，只要把食物餵給叫最大聲的小孩就好。簡單的事重複做，自然就能讓所有雛鳥吃到食物，因為雛鳥肚子餓就會叫。

只要是能用的工具或方法都要用。話說回來，有些魚會利用電來溝通，在水裡放電，讓周遭的魚類知道自己是什麼種類的魚，或以這種方式求愛，作用類似螢火蟲的尾部閃爍亮光。

犧牲部分身體的求愛行為可信度較高

兩隻雄性動物打架，或向異性求愛時，告訴對方「我有多強」、「我的條件有多好」也是很重要的溝通行為。

學生提出的請假理由不夠高超，對我完全沒影響，但打架或求愛時如果溝通不良，無法讓對方了解自己，就會造成嚴重的後果。因為原本較強的一方很可能輸給紙老虎，雌性動物也可能選了一個身體孱弱的異性交配。

話說回來，動物真的能做到不含任何虛假成分的溝通嗎？容我以蜘蛛求愛為例，思考這個問題。

我在第四章介紹過，公蜘蛛求愛時會彈絲或敲打地面，利用振動傳達意思，這是很重要的溝通方式。蜘蛛的腳表面有好幾個細微裂縫，連結著神經。當腳接觸到絲或地面，感受到極細微的動作，這個裂縫就會歪斜，讓蜘蛛感受到「晃動」的感覺。

有一種蠅虎的母蜘蛛偏好選擇敲擊地面次數最多的公蜘蛛，不過，是否所有公蜘蛛都會盡可能增加敲擊地面的次數？似乎也並非如此。這是因為對公蜘蛛來說，求愛是很耗體力的行為，會降低公蜘蛛的生存機率，真的會折壽。

因此，唯有生活不虞匱乏，才能做出激烈的求愛行為。既然如此，什麼樣的公蜘蛛生活不虞匱乏？答案是體型較大的公蜘蛛。體型較大代表過去吃的食物較多，力量也較強，也可以解讀為生存機率較高。因此即使激烈求愛，降低自己的生存機率也沒關係。

實際上，體型較大的公蜘蛛敲打地面的次數，比體型較小的公蜘蛛多。另一方面，體型較小的公蜘蛛一直戰戰兢兢地生活，不能再降低自己的生存機率，因此無法激烈地敲打地面。

簡單來說，敲打地面、傳送振動的溝通行為無法造假，體型較小的公蜘蛛不可能假裝自己是體型較大的公蜘蛛，激烈地敲打地面。既然無法造假，母蜘蛛就能放心接收公蜘蛛傳來的訊息。這就是母蜘蛛透過敲打地面的次數，選擇公蜘蛛的原因。

不只是蜘蛛，提高傳送訊息的代價，是避免溝通造假的必要條件。例如傳送者如果要傳遞造假的訊息，這個方式可能對他不利，也就是必須付出很高的成本。而敲擊地面會縮短蜘蛛的壽命，這對傳送者來說很不利，這個方式就滿足了剛剛說的條件。

蠅虎會利用身上的顏色、圖案和舞姿，進行求愛時的溝通。母蜘蛛喜歡體表顏色鮮豔、圖案較大，較為搶眼的公蜘蛛。求愛舞也是一樣的，母蜘蛛喜歡跳起舞來較為華麗激動的公蜘蛛。不過，在自然界中長得愈搶眼，愈容易被天敵發現，被獵食的機率也會大增。換句話說，透過視覺傳達訊息，也是要公蜘蛛以危害自己生存的方式求愛。

為了建立值得信賴的溝通，傳送訊息的一方必須付出代價。乍聽之下，各位可能很難理解，這就像是學生若想要我接受她提出的請假理由，就必須到醫院付錢看病，取得醫生證明給我看一樣的道理。

欺騙也是重要的溝通技巧

溝通不僅限於同類，不同種類的生物之間也需要溝通。最有名的例子是，羚羊發覺自己可能會遭受天敵攻擊時，會快速地奔跑，強調自己是飛毛腿，讓天敵主動放棄。

屬於肉食動物的蜘蛛傳送給獵物的訊息，會使獵物改變自己的行為，讓自己更容易抓到獵物。我在第三章介紹過，圓網上的白色裝飾、蜘蛛身上鮮豔的體色與圖案，以及留在網子上散發味道的食物殘渣，都是欺騙獵物上門，讓對方黏在網子上的陷阱。傳遞給對方假情報，這也是重要的溝通技巧。

有一種蠅虎叫孔蛛（*Portia*），牠專吃其他種類的蜘蛛。牠雖然是蠅虎卻不吃蒼蠅，專吃蜘蛛，真的令人匪夷所思。順帶一提，孔蛛這個名字和莎士比亞的《威尼斯商人》劇中人物波西亞（Portia）的名字一模

孔蛛，蠅虎的一種。

提供：123RF

一樣。

言歸正傳，孔蛛也會跑到別人的網子裡吃東西，晃動網子，吸引目標出現。牠想吃的蜘蛛會從蜘蛛網的晃動方式，判斷出是什麼東西卡在網子上。例如是可以吃的東西嗎？是什麼種類的食物？或者是掉在網子上的枯葉這類不能吃的東西？在網子上守株待兔的蜘蛛會先判斷目標物是什麼，確定是可以吃的食物，才會往晃動的源頭走去。這麼做的原因很簡單，因為卡在網子上的昆蟲也可能是蜜蜂這類危險生物。要是不小心謹慎，遭受逆襲，反而得不償失。

話題再回到孔蛛身上。孔蛛只要像自己鎖定的蜘蛛的獵物一樣晃動蜘蛛網，就能將對方引出來。可是，孔蛛會入侵不同種類的蜘蛛所結的網子，牠一開始並不知道這次鎖定的目標喜歡吃什麼昆蟲。因此，孔蛛想到了一個點子。**牠先用不同方式搖晃網子，試探目標的反應。**接著，再用對方反應最明顯的方式搖一次網子，如此一來，就能引誘出對方。最後再一口氣吃掉對方。

比起結網之後守株待兔的蜘蛛，孔蛛的做法相當高明。無論是騙人或被騙的一方，都在互相獲取對方的情報。在對方上鉤之前，孔蛛會嘗試各種方法。

不知道該怎麼做的時候先模仿對方就對了

溝通必須有一個聆聽的對象，而有時候聆聽的對象就在說話者意想不到的地方。

有一種狼蛛的公蜘蛛會從旁邊觀察其他公蜘蛛的溝通方式，接著模仿對方。**例如當他看見其他公蜘蛛跳求愛舞的模樣，就算沒發現母蜘蛛，他也會二話不說地跳起來。**如此一來，若有其他公蜘蛛發現他在跳求愛舞，就會以為這裡有母蜘蛛。此外，若是跳舞的公蜘蛛愈來愈多，他就會愈跳愈久。其他公蜘蛛看見了，就會產生「輸人不輸陣」的念頭，繼續跳下去。

狼蛛這項能力並非與生俱來的，牠是看到其他公蜘蛛求愛的場景，恰巧發現那裡有母蜘蛛，牠們又完成交配，才學習到這項技能。換句話說，如果處於周遭幾乎沒有狼蛛的環境，就沒辦法模仿別人的舞姿，學會這項技能。

求愛時必須先找到母蜘蛛，如果有其他公蜘蛛先找到母蜘蛛，可以節省尋找的時間與工夫。只要細心觀察四周，就有好事發生，無須耗費心力去找。

不知道該怎麼辦的時候，只要模仿別人即可。通常在動物的世界裡，選擇交配對象時最常出現這種情形。想選一個好對象繁衍後代，卻不知該選誰。這種時候就觀察其他人的另一半，再選擇與對方相同的異性。

以脊椎動物來說，日本鵪鶉、孔雀魚也會做同樣的事情，這一點很出名。最近研究學者也發現有些蜘蛛種類會模仿他人，達到自己的目的。

配合彼此的節奏也是溝通的重要功用

誠如剛剛所說，人類是利用語言溝通，我們說話時使用的詞彙帶著某些訊息與意義。前面章節介紹的不說話的蜘蛛，或是其他動物的溝通方式，牠們也都利用自己的方式傳達某些意思。不過，這不是溝通唯一的功用。

在社會中生活的生物做某些事情時，必須配合其他個體的行為，才能發揮重要作用。若每個個體都按照自己的意思，做自己想做的事，整個社會就會亂七八糟，因此大家都會配合彼此活動的節奏一起生活。

以群體生活的動物為例，假設其中有一部分開始往某個方向移動，剩下的成員如果不跟著走，群體就會分散，變成小團體。脫離團體的個體，很可能遭遇危險，失去生命。但話說回來，在大型群體中生活的每隻動物，很難綜觀整體動向採取行動。

不過，別擔心，只要看到身邊的同伴開始動，自己也跟著動，所有成員都這麼做，全體就能達到一致。如果只有一隻螞蟻，牠可以過著不規律的生活，想工作就工作，想睡就睡。但如果是一大群螞蟻一起生活，就會出現明顯的生活規律與模式。工作時大家一起工作，工作期結束就休息，群體生活的動物會不斷重複同樣的規律。

出現這樣的規律並不是有某個特別領袖跳出來大聲疾呼，要大家出來工作。

而是團體中任何一個成員開始工作，牠身邊的螞蟻察覺到牠的舉動，跟著一起工作，於是一個影響一個……到最後所有螞蟻都動起來了。

工作一陣子後，大家都累了就會休息。接著又開始有愈來愈多成員開始工作，帶動所有螞蟻一起工作。不斷重複這個過程，大家就會開始自發性地工作，到了這個程度，再也不需要受到周遭影響，大家就會在相同時間開始工作，自然地養成生活的節奏。

東南亞有一種棲息在樹上的螢火蟲，棲息在同一棵樹上的螢火蟲，會在相同時間發光，閃爍的節奏都是同步的。青蛙與蟋蟀也是一大群一起鳴叫，有時還會大合唱。這種現象也跟螞蟻的生活節奏一樣，適用相同的原理與機制。群體裡的成員會自然同步，這或許是生物社會的基本特性之一。

我剛剛也說過，動物世界中所謂的同步，並不像人類一樣會產生心靈上的共鳴，或更加了解同伴。動物世界裡發生的，不過是某隻動物開始影響身邊的同伴，進而讓整個群體動起來。這之中沒有傳達任何特別的意思，也不會加深彼此的了解，只是得到一個開始的訊號而已。這就是社會形成的模式，也是溝通的另一個功用。

人類的大腦為了經營人際關係而變大

蜘蛛多半獨自生活，與同種蜘蛛溝通的機會少之又少，最多只有打架和求愛。但過著社會生活的動物，必須持續與周遭的夥伴溝通，這是一件很麻煩的事情。有一種說法認為，人類的大腦為了在社會生活中妥善處理人際關係，變得愈來愈大，才演化成現在的腦容量。觀察各種猿猴就會發現，群體愈大的種類，腦容量愈大。

專家認為過著群體生活的猿猴為了與夥伴和睦相處，牠們清楚知道誰與誰交情很好，誰與誰勢如水火。因此，隨著群體變大，必須掌握人際關係的組合就愈多。

容我舉個例子來說明，假設一個社會裡有三個人，分別是佐藤、田中與鈴木。一對一的關係只有三種，也就是佐藤對田中、佐藤對鈴木以及田中對鈴木。如果是六人社會，關係組合數就增加至十五種。群體只大兩倍，關係組合數竟多了五倍，若群體繼續變大，成員之間的關係就會出現爆炸性的複雜化現象。如此複雜的人際關係，不，如此複雜的猿猴關係若要妥善處理，就必須擁有一個容量大的腦。這就是該學說最主要的立論。

群體養育的小蜘蛛學習速度非常快

剛剛以猿猴為例，探究腦容量與群體大小的關係，若將猿猴的群體套用在人類身上，一個群體的大小約是一百到一百五十人左右。現今的人類社會比過去大得多，由幾千、幾萬、幾億人組成一個社會，不過這是近代才出現的狀況。專家認為人類剛演化出來的時候，當時的社會只有一百五十人左右，超過這個人數就很難掌握每個人的個性與優點。

假設有一個以一萬人組成的龐大社會，裡面一定會再細分成許多一百五十人以下的小群體。這些小群體結合起來，建立具有上下關係的組織，才能在短時間內讓這麼多的人動起來。

蜘蛛也是一樣，群體生活的蜘蛛也有訓練頭腦發達的訣竅。有一種蠅虎會在小蜘蛛獨立之前，過著群體生活。

這種蠅虎具備學習能力。假設有一隻蠅虎在兩條路之中，選擇了一條有獵物的路，下次再遇到相同情形，牠就會立刻選擇有獵物的那條路。話說回來，要多久才會有這樣的學習能力？研究結果顯示，群體養育的蜘蛛，比一開始就離開群體獨自生活的蜘蛛，學習速度還要快。

這件事代表社會生活有助於促進智能的發達，與常見於靈長類的智能演化是兩回事。不過，兩者還是有共同點，那就是社會生活需要動腦。

說到這裡，我又想到一件事。剛剛說過蜘蛛都有自己的個性，**說不定群體生活的蜘蛛也能從每一隻的個性分辨出不同個體。**各位可能覺得不可思議，那麼小的蟲子可能分辨得出每一隻夥伴嗎？專家已經發現，有一種馬蜂分辨得出每一隻夥伴。既然馬蜂可以，蜘蛛不見得不行。

我忍不住想，就像人類有人際關係的煩惱，群體生活的蜘蛛說不定也在每天思考，如何才能和睦相處。

專欄

蜘蛛學會事務局長的工作

大致來說，任何事物都有人研究，因此這個世界上存在著各式各樣的學會。有的學會專門研究「彈簧」，還有高爾夫學會、溫泉學會、紅酒學會等，各有樂趣。當然也有蜘蛛學會。日本的蜘蛛學會創立於一九三六年，是歷史悠久的單位。會員約兩百人，其中包括在大學或農業試驗場工作的職業研究者，還有在其他業界工作，閒暇之餘研究蜘蛛的業餘愛好者。

蜘蛛學會每年開一次大會，活動內容相當豐富，例如報告發現的新種，關於蜘蛛基因、生理學、生態、行動、蜘蛛絲的人工合成技術，還有蜘蛛與人類文化的關聯性等，凡是與蜘蛛有關的內容，都是研究報告的主題。不只是蜘蛛，就連盲蛛、蠍子、蜱蟎等蛛形綱生物也是大家關注的焦點。大會在日本各地召開，有時還會舉辦蜘蛛採集會。

老實告訴各位，我曾在二〇一二年到二〇一七年在學會的事務局工作。事務局只有一名人員編制，所以我很自然地成為事務局長，負責管理會員名冊，擔任會議的工作人員，還要處理對外交涉等工作。

學會對外聯絡的窗口也是事務局，所以我也會接到許多民眾諮詢。有些民眾會寄信來，還附上照片說「我在庭院裡發現這隻從未見過的蜘蛛，是不是新種？」，這種事幾個月就會發生一次。我不善於分類，也很擔心自己回答不出來該怎麼辦，還好八成都是一眼就能認出來的普通蜘蛛。就算遇到我沒把握的蜘蛛，會員中也有許多比我強的專家，我會問過他們之後再回覆。

有時也會遇到很專業的問題，最近不少高中鼓勵學生參加研究活動，日常生活常見的各種蜘蛛便成為引人注目的研究對象。高中生提出的問題中，也有不少難度很高的提問，總讓我招架不住。但我好歹也是蜘蛛專家，若能讓年輕人對蜘蛛感興趣是我的榮幸，因此我都會用心調查，再回答他們。

公司行號也會來問問題，像是「我們的商品裡發現蜘蛛屍體，我們想知道牠是從哪裡混進來的，請幫我們確定這是哪一種」。現在是全球化時代，貨物在許多國家流通，只要知道是哪一種蜘蛛，就能鎖定分布範圍，推斷是在哪裡混入的。不過，線索只有一張失焦的照片，實在無法確定種類。後來對方又檢視了一次發現蜘蛛屍體的情形，推測可能是開封後，在本地混進去的，結果不需要我們確認。

報章媒體來找我們評論或解說某個新聞事件，也是常有的情形。但我們會員個性都很內向，不喜歡拋頭露面，因此就由我來處理這些事情，保護大家的隱私，也是我的職責之一。幸好我算是愛好流行的人，我和一般的研究者不同，我很喜歡接觸媒體，所以接受採訪是很開心的工作。我上過好幾次電視和廣播節目，感覺相當好。

我曾在東京舉行的電影《蜘蛛人：驚奇再起》世界首映會的 YouTube 直播節目中擔任解說員，這是我最大的收穫。我不僅親眼見到女主角艾瑪・史東，從小又是個電影迷，我從沒想過研究蜘蛛也能與好萊塢女演員搭上關係，真的很神奇。人生真是有趣啊！

第7章

從蜘蛛角度思考之3
在不確定的世界中存活下來

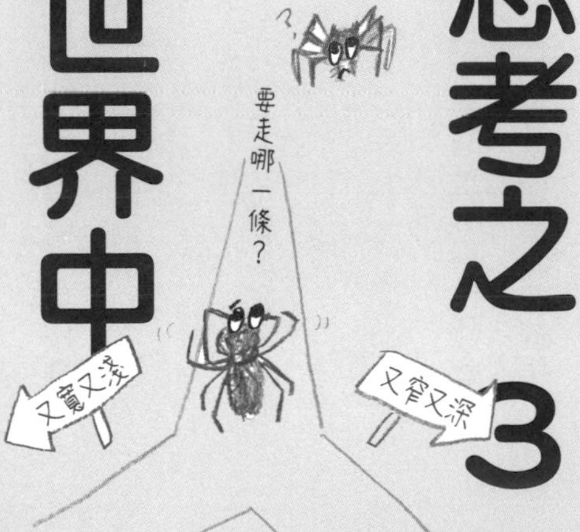

要又窄又深，還是又寬又淺？

最近大家都說這個世界愈來愈複雜，很難預測未來。日益蓬勃的經濟發展，換來了環境的破壞。新生兒愈來愈少，卻找不到令人滿意的遊樂場所。科技發達讓人類生活更加便利，卻找不到讓心靈充實的方法。過去我們習以為常的做法，到底出了什麼問題？

世事無常的道理，對蜘蛛來說也是一樣的。這一章我將為各位講解蜘蛛如何在無常的世界裡生存。

大學這個小小世界變得和以前完全不一樣了。我所屬的是「現代社會學部」，和歷史悠久的文學部、工學部這類以一個字就能代表專業領域的傳統學系不同（如法學院、商學院等）。傳統的大學學系專門研究小範圍的學問，政府有感於這樣的學習型態過於狹隘，於是創建了「科際整合」的學系，現代社會學部就是其中之一。如果傳統大學的型態是「又窄又深」，我所在的學部可以說是

「又寬又淺」的類型。

到底是要「又窄又深」，還是「又寬又淺」？無論是哪個領域，這都是重要命題。以經營店面為例，到底是要網羅各種商品，滿足顧客的多樣化需求？還是專攻某個類型的商品，創造其他商店沒有的特色？店主選擇的路將影響開店的一切，包括店面設計與行銷。

蜘蛛什麼都吃

動物的世界裡，也有什麼都吃的萬能清道夫，以及患有嚴重偏食的「專食性動物」。

結圓網的蜘蛛屬於很好養的萬能清道夫。由於蜘蛛網很強韌，可黏住各種生物，基本上只要是黏在網子上，可以吃的生物，蜘蛛都會吃下肚。不過，蜘蛛並非胡亂抓昆蟲。**不同的網子種類與特性，會抓住不同類型的昆蟲。**

舉例來說，與地面垂直的圓網可確實抓出水平方向飛來的蜜蜂等昆蟲。結在溪流上、與地面平行的蜘蛛網，鎖定的目標是蜉蝣這類在水中度過幼蟲時代的昆蟲，這些昆蟲羽化後會往上飛，剛好會被網子抓住。也有像大擬肥腹蛛這類不結圓網，從高處垂下一條前端有黏性物質的絲到地面，用來黏住在泥土上行走的昆蟲，再像釣魚一樣將昆蟲釣起來。

不同的結網方式，鎖定的獵物種類也不同。有一種棲息在非洲的蜘蛛，晴天時會結網眼較小的網，以小蒼蠅為目標；下雨時會結網眼較粗的大網，因為有翅膀的白蟻會在雨天傾巢而出。想要抓住體型比蒼蠅大的白蟻，不需要網眼太小的網，網眼大一點可以節省絲的用量，拿來結較大的網，就能抓到愈多白蟻。

大家常說什麼都吃最健康，那麼，從不挑食的蜘蛛是否也是健康寶寶？看來什麼獵物上門都吃的做法，並不會攝取到最均衡的營養。昆蟲有許多種，內部結構也百百款，從營養層面來看，各有利弊。有些昆蟲的營養比例絕佳，只要吃牠就能滿足所有需求；如果吃到營養組成不佳的食物，就必須增加種類，什麼都吃才能順利長大。

我通常會餵蜘蛛吃果蠅，因為果蠅很好養。但我也知道果蠅的營養比例不佳，所以每次餵都覺得很愧疚，沒能讓牠們吃更營養的食物。事實上，還有比果蠅更沒營養的食物，那就是蚜蟲。如果餵蜘蛛吃蚜蟲，不管吃多少，蜘蛛都長不大。過去我也曾在不知情的狀況下，餵蜘蛛吃蚜蟲。那時牠們也興趣缺缺，不太吃蚜蟲。由此可見，無知真的是一種罪。

不僅如此，有些蟲子的體內有毒。人類的體型較大，吃一點毒素還能排出體外，不至於造成太大問題，但如果是像蜘蛛這樣的小生物，只要微量毒素就會毒發身亡，千萬不可大意。

鎖定目標的專食性動物

或許就是這樣的原因，有些蜘蛛才會只吃某些特定的食物，我們稱有這種習性的動物為「專食性動物」。當萬能清道夫的好處是進食機會大增，有時甚至多到來不及吃。畢竟一天的食量有限，不可能全部吃光光。

如果能吃飽，當專食性動物的生存效率應該比萬能清道夫還高。不過，為了吃到食物，專食性動物必須具備特殊技能，才能在遇到獵物的時候確實抓到。

藍翠蛛只吃螞蟻，牠的獵食方式與其他大多數的蠅虎科蜘蛛不同。一般蠅虎會靜靜觀察獵物的動向，然後以迅雷不及掩耳的速度一口咬住獵物，再注入毒素，等待毒性發作。但這個獵食方式不適合螞蟻。螞蟻是從蜜蜂演化而成的生物，原始的螞蟻種腹部前端有針，就算沒有針，有些種還會分泌蟻酸。不僅如此，螞蟻最擅長的是人海戰術，若是咬住螞蟻後還要花時間等毒性發作，可能早就被其他前來救援的工蟻咬傷了。

為了成功獵食，藍翠蛛必須發揮牠的特殊技能，那就是從遠方跳過來，先往胸部或腳上咬一口後跳開，觀察獵物的狀況再咬一口，重複這個過程，等螞蟻慢慢地失去反擊能力。使用這個方法，即使遇到其他螞蟻前來救援，也能立刻逃跑。此外，遇到螞蟻運送卵或幼蟲的隊伍，牠也會伺機搶奪卵或幼蟲吃掉。

蚓腹姬蛛是吃蜘蛛的蜘蛛。有些蜘蛛要去遠一點的地方時，習慣沿著蜘蛛絲移動。若在地面行走，很可能會被螞蟻攻擊，或被蜥蜴發現，風險較大。有時蜘蛛會自己鋪設移動用的絲，有時也會利用其他蜘蛛走過後留下來的絲。由於吐絲結網是有代價的，即使是別人的網子，只要能用就要物盡其用。各位如果在晴天前往森林，不妨仔細觀察，森林裡到處都是蜘蛛網，在陽光照射下閃閃發亮，那些就是蜘蛛的高架快速道路。

蚓腹姬蛛就是利用這個習性獵食，牠會在蜘蛛絲的另一端等其他蜘蛛走過來。即便如此，大多數蜘蛛似乎還是認為，在絲上走遠比在路上走還要安全。

不過，凡事都有一體兩面。容易抓到特定獵物的另一面，就是遇到其他獵物時不容易抓到。若從遠處看到藍翠蛛攻擊獵物的模樣，一般獵物早已逃之夭夭。蚓腹姬蛛也只能抓到沿著蜘蛛絲移動的蜘蛛。

演化到極致的專食性動物

儘管如此，這個世界上還是有許多在夾縫中突圍，急速成長的專食

蚓腹姬蛛。

提供：PIXTA

性動物。已經在本書登場多次的嗜蛛姬蜂就是其中之一。全球大約有兩百五十種嗜蛛姬蜂，大多數都只鎖定一種蜘蛛。和嗜蛛姬蜂相比，藍翠蛛與蚓腹姬蛛雖然只吃螞蟻和蜘蛛，但不限種類，算是萬能清道夫。

嗜蛛姬蜂的幼蟲會寄生在蜘蛛的身體表面，吸取蜘蛛的體液成長，在最後吃掉蜘蛛之前，還會控制蜘蛛，讓蜘蛛吐絲做出一個只有外框和幾條縱絲的網。幼蟲吃掉宿主後，就會在這張無主的網子上變成蛹，一直到羽化為止，因此這張網會用絲多繞幾次補強，避免在這段時間內遭到破壞。這張網沒有橫絲，不會黏住昆蟲。被嗜蛛姬蜂鎖定的蜘蛛就像這樣成為奴隸，最後還像木乃伊被殺掉。

不過，蜘蛛也不是完全不反擊。有些蜘蛛會將吃剩的食物殘渣放在網子上，並坐在蜘蛛網上，讓天敵不知道牠藏身在何處，以這個方式保護自己。蜜蜂在覓食時仰賴視力，因此這種偽裝工作有利於藏身。

話說回來，敵人也不是省油的燈。有些嗜蛛姬蜂會故意撞上蜘蛛網，假裝自己是獵物，引誘蜘蛛現身。只要蜘蛛網產生振動，蜘蛛就

正在吃塵蛛的嗜蛛姬蜂幼蟲。

會靠近查看是什麼東西撞在網子上，此時嗜蛛姬蜂會趁蜘蛛不注意的時候，以腹部的針刺過去，注入麻醉物質。接著，嗜蛛姬蜂再趁蜘蛛被麻醉時，從容不迫地將卵產在蜘蛛身上。

獵食者鎖定特定目標並具備特殊技能，被鎖定的獵物也會演化出因應對策。於是乎，獵食者為了破解獵物的因應對策，又會開發出更有效率的技能。在彼此競爭對抗的過程中，矛被磨得愈來愈利，盾被打造得愈來愈厚，成為一場軍備競賽。雙方也在這個過程中愈來愈激化，最後才發現自己已經學會了不適合捕捉其他一般獵物的特殊獵捕法，這就是極致的專食性動物的演化過程。

專食性動物的陷阱

雖說是演化的結果，但專食性動物的生存方式不一定是最好的。專食性動物的獵物，例如螞蟻，牠們是演化得極為成功的昆蟲，如今已演化出大量物種，遇見牠們的機會也很多。或許是基於這個原因才鎖定牠們，只要提高捕獲率，無法再捕食其他獵物也沒有損失。

可是，未來是無法預測的，我們不知道目前的情形可以維持多久。只吃限定種類的食物，一旦遇到環境改變或該族群的生物消失，沒有食物，那該怎麼辦？世界隨時都在變，也不可能永遠處於巔峰期。

綜觀生物的歷史，專食性動物遇到環境改變時，牠們會尋找其他類似的食物，或是演化成萬能清道夫，畢竟專食性動物比萬能清道夫更容易滅絕。

以開店為例來說明，鎖定某種特定商品，或許可以囊括所有認同店鋪概念的顧客，或是搭上流行趨勢，很快地賺進一大筆錢；但這麼做有其風險，那就是當世事變換，流行趨勢改變，店鋪就會面臨經營不下去的問題。

保持多樣性是生物避免滅絕的關鍵之一。

就算每個個體都是專食性動物，但只要各自鎖定不同食物，整體來看還是萬能清道夫。從這一點來看，有個性是很重要的事情。

假設有一個群體，裡面的成員幾乎都吃螞蟻，但有少部分特立獨行的成員吃其他食物。當環境改變、螞蟻數量減少時，如果沒有那些特立獨行的成員，整個群體就會滅絕。就是因為有特立獨行的成員存在，該群體的數量雖然減少了，卻能生存下來。只要數量不是零，當情況再度改變，就有可能從頭再來。

未來的強者無法預測

讓自己的孩子面對不可預測的未來時，許多父母都會期許自己的孩子「成為一名強者，無論面臨多激烈的競爭都能存活下來」。不過，未來無法預測的真正意思，就是沒人知道怎麼做才能成為強者。

面對這樣的現狀，維持多樣性是最有效的方法。一般來說，生物會在一生中生下許多後代，這些後代都有各自的特性，就算「強者」的標準和現在不同，這麼多後代一定有人可以存活下來（雖然這個方法很難套用在人類身上）。

此外，若想生下更多特性不同的後代，最好與更多異性結合，就能讓自己的孩子有更大的多樣性。這一點不只是雄性，對於雌性動物也是同樣道理。

交配次數愈多，被天敵攻擊的可能性就愈高，也會縮減覓食時間，增加感染疾病的機率。儘管如此，如果環境很安全，可以忽略上述風險，雌性動物也會與複數的雄性動物交配。只跟單一雄性交配的動物種類，只占整體的一成左右，剩下將近九成都與複數（數量有多有少）雄性繁衍後代。

蜘蛛從經驗中學會做事要有彈性的道理

為了在無法預測的世界中生存，除了維持多樣性之外，還有另一個方法就是保持彈性。雖然這是人類擅長的領域，但蜘蛛其實也不遑多讓。

狼蛛與斜紋貓蛛雖然什麼都吃，但其中有一個族群因為長期只吃同一種食物，最後發展成專食性動物，只吃特定的食物。這就是從經驗中學習到的彈性。不僅如此，牠們還會從經驗中學會某種程度的「預測」，並做好可能的準備。

誠如我在第三章所說，結圓網的蜘蛛會感受網子的振動，掌握周遭環境。其中有些種類會用腳拉緊網子，「傾聽」動靜。舉例來說，假設這類蜘蛛從經驗中學到網子的下方容易纏住獵物，其他部分不容易抓到獵物，牠就會特別拉緊下方的網子，守株待兔。如此一來，當獵物如牠所預期地纏在下方網子上，就能在第一時間掌握，立刻跳出去捕食。

在實驗室培育的蜘蛛做事沒有彈性

人類社會隨著規模變大、時間更迭，會呈現出失去彈性，做事容易僵化的趨勢。大學也是一樣，為了避免重複錯誤與失敗，大學會根據「預防對策」制定一大堆「規則手冊」或「校規」。發生事情時就算想要臨機應變，也會因為「特例會破壞執行業務的穩定性」等原因而遭到否決。

一旦做事方式僵化，人們就會發現觀察四周也無濟於事，因此降低對周遭的注意力，也無法將自己的經驗快速反應在業務內容上。

蜘蛛會因為成長環境改變自己做事的彈性。住在樹上的蠅虎如果發現其他樹枝上有獵物，牠就得沿著自己所在的樹枝走到樹幹，再移動到有獵物的樹枝上。而為了走到樹幹，有時牠必須先暫時遠離獵物。有鑑於此，蠅虎發現獵物時，就會需要不立刻往獵物走去而是繞路的彈性。碰到這種狀況，比起在大自然長大的蜘蛛，在實驗室由人工飼養的蜘蛛通常不會繞遠路。這是由於實驗室的環境很單純，在單純環境中生活影響了腦部的發展，使蜘蛛的行為模式過於僵化了。

不只如此，**在實驗室長大的蜘蛛活動性也較低。**人類常說，在大自然生活的經驗有助於穩定孩子的情緒，同時促進社會性的發展，這一點似乎也能套用在蜘蛛身上。

不過，環境的影響也會因為做法而改變。舉例來說，如果在飼育箱中放一根綠色棍子，蜘蛛會立刻充滿活動力，真的很神奇。以此類推，假如業務開始僵化的老店也能將辦公室的牆面漆成綠色的……。

如何決定什麼時候搬家？

蜘蛛會在食物豐富的環境中結網，但昆蟲不可能一直出現同一個地方。舉例來說，花開的時期附近會有許多蜜蜂，若有動物屍體則會生出一堆蒼蠅，但這樣的榮景只是一時的。若因為某個時期可以捉到較多獵物，就受到成功經驗綑綁，一直待在同一個地方不肯離開，也是值得商榷的事情。

有鑑於此，結圓網的蜘蛛只要發現最近食物變少了，就會尋找更好的地方居住。不過，什麼時候搬家，是一件很難決定的事情。理論上，「搬到食物比現在多的地方就好」，但現實的問題是，蜘蛛無法確定目前居住的地方可以抓到多少獵物。

假設有一整天，蜘蛛都沒抓到獵物，這究竟是單純的運氣不好，還是四周都沒有昆蟲了？蜘蛛很難分辨這一點。為了準確區分這兩者，蜘蛛不只要記住今天抓了多少昆蟲，還要記住過去每天可抓多少昆蟲。

如果能記住昨天以前抓了多少昆蟲，今天突然業績掛零，還能觀察幾天再做判斷；如果記不住，就只能慌張搬家了。另一方面，被過去的記憶綑綁也是不好的事情。因此，**雖然有必要記住過去的事情，但也要適時忘記。**話說回來，凡事都是過猶不及，如何拿捏是最難的。必須實際去做，才知道怎麼做最好。

蜘蛛不知道新的居住環境可以抓到多少獵物，加上蜘蛛是靠著絲乘風搬家的，牠無法選擇自己喜歡的環境搬家。最重要的是，蜘蛛的視力很差。牠沒辦法環顧四周，覺得哪裡比較好就決定搬去哪裡。牠必須實際到那個地方居住，親自抓過獵物，才能對新環境有初步的了解。

從清水寺的舞台跳下去[1]

對於不清楚的事情先做再說，剩下的就只能順其自然了。因此實際上，凡事懵懵懂懂的蜘蛛也有自己的標準來決定何時搬家。

如果牠的標準剛好符合周遭環境，當四周已經沒有食物，牠只要立刻決定搬家，就能捉到更多獵物，留下更多子孫。但如果不符合，牠很可能忘不了過去的成功經驗，待在原地空轉，但也可能被偶然的機率戲弄，搬到一個更糟的地方。

看到這樣的命運，我很想告訴蜘蛛：「你不能再這樣隨興生活，你應該收集更多資訊，清楚掌握狀況再做決定。」不過，現實生活中，收集資訊是很花工夫與時間的。最近的大學動不動就要學生填寫授課問卷，許多學生都覺得很煩。

雖然蜘蛛一整天都待在網子上，但運氣不好的時候，一天只能抓到幾隻昆蟲。如果要收集足夠資訊，要花幾天才夠？若不立刻決定，可能要度過好幾天沒有東西吃的日子。有時即使還不了解目前的狀況，也要立刻決定搬家與否，這就是蜘蛛面對的現實世界。

幾乎所有生物都會失敗

若單獨看每一個個體，幾乎所有生物到最後都活不了，注定了失敗的命運。

在地球上存在很長時間沒有滅絕的生物，大致上會收斂到一定的數量，因此每對有性生殖的親代所產生的子代數目，長期平均來說應該與親代相同，也就是兩個個體。若比兩個多，這個地球上很快就會被該種生物淹沒；若比兩個少，最

---

1. 譯注：日本俗諺，表示抱著必死的決心或背水一戰的覺悟。

後就會滅絕。一般來說，生物都是由兩個個體，一公一母繁衍小孩，這些小孩生下來之後，很多在生出自己的後代之前就會死亡。蜘蛛雖然是生物中成功繁衍的族群之一，但活下來的個體大多是失敗者。

不過，我剛剛說的是平均來看的狀況。若單看每對個體，某對親代會留下兩個以上的孩子，有些親代的後代則是少於兩個。留下比兩個還多的那個家族會增加，另一方則會減少。

最初在搞不清楚的狀況下搬家的蜘蛛，其搬家標準各有不同，有些會遇到適合自己的環境，有些則不會。若能穩定地待在同一個環境裡，在適合的環境中生存的蜘蛛會留下較多子嗣，家族也會逐漸繁榮。如此一來，**無須急急忙忙地尋求更好的生活方式，只要隨著時間更迭，大多數蜘蛛自然能擁有更好的標準。**

在這個世界上，要知道所有資訊再行動是不可能的。因此，先決定自己要做什麼，之後的就順其自然。直到最後才知道誰成功、誰失敗，不只是搬家，做任何事情都是同樣的道理。

第8章

假如世上沒有蜘蛛

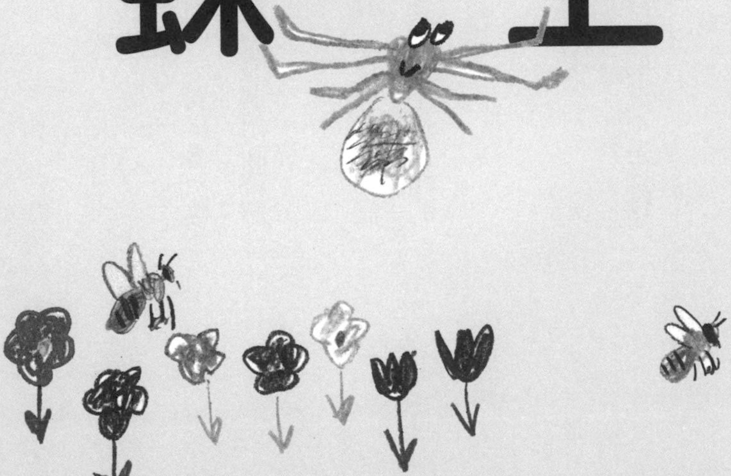

蝴蝶與蛾有可能不存在

如果這個世界上沒有蜘蛛，將會變成怎樣？演化是無法控制的，要是當初棲息在海裡的蜘蛛祖先沒有到陸地上生活的話，要是上岸後蜘蛛沒有發展出吐絲結網的能力，結果又將如何？

或許不會有任何不同，但如果這個世界上沒有貓，沒有雞，沒有兔子的話呢？或許相較之下，沒有蜘蛛真的沒什麼不同。蜘蛛既不是寵物，也不是人類的食物，從世界上消失了也不會造成任何困擾，對人類沒有任何影響。

但，真的是這樣嗎？

柬埔寨可說是存在著吃蜘蛛的文化，儘管如此，人類和蜘蛛之間並不是食物鏈的關係，生態上也不會互相幫助。不過，其他生物又是如何？

假如世上沒有蜘蛛，蝴蝶與蛾可能也不存在。蝴蝶與蛾有著色彩豔麗的翅膀，翅膀的顏色是由細細的鱗粉形成。當蝴蝶黏在蜘蛛網上，鱗粉會從翅膀脫落，留在網子上，讓蝴蝶可以順利逃走。簡單來說，鱗粉是用來對抗在空中做陷阱的蜘蛛所演化出的防禦對策。假如世上沒有蜘蛛，或許蝴蝶與蛾的身上就不會有鱗粉也說不定。

在沒有演化出蜘蛛的世界中，如果是由其他動物取代了蜘蛛的角色，對方不一定會用網子來捕捉獵物。人類之所以能在春天欣賞五顏六色的蝴蝶在原野飛舞的景色，都是拜蜘蛛所賜。

重創食物鏈

春天的花花草草為原野增添色彩，而這些花草的盛衰似乎也與蜘蛛有關。有一種蜘蛛會躲在花裡，獵食來採花蜜或花粉的昆蟲。由於低矮的身軀加上往左右兩邊張開的腳，這個埋伏獵物的姿勢很像螃蟹，因此專家將這種蜘蛛稱為蟹蛛。這種蟹蛛會介入植物與昆蟲之間的互助關係。

在花朵上獵食的陷狩蛛。

提供：PIXTA

蜜蜂與花虻會到花朵覓食，同時運送花粉，幫植物結出種子，但牠們造訪的花朵上，很可能藏著蟹蛛。因此，昆蟲在靠近花朵之前，會先飛一會兒，確認是否安全。由於這個緣故，運送花粉會耗費許多不必要的時間。

如果昆蟲發現蜘蛛，為了保命，牠不會靠近花朵，也就無法運送花粉。有一位研究家將蟹蛛模型擺在花朵上，結果發現該花朵結出的種子數量少了一半。

從這個結果來看，**假如世上沒有蜘蛛，這個世界上說不定開滿了比現在更多的花。**不過，事情沒有這麼簡單。因為有一種植物是靠蟹蛛保護自己。

並非每隻造訪花朵的昆蟲，都會幫忙運送花粉。有些昆蟲對花粉不感興趣，反而會吃花。另一方面，蟹蛛什麼都吃，無論是幫助花的昆蟲或吃花的昆蟲，牠都一視同仁，全部吃下肚。

由於這個緣故，當這種植物的花被吃掉而受傷時，會釋放出一種特殊的香氣，吸引蟹蛛前來。就算會因此降低花粉的運送效率，也要請蟹蛛來保護自己的性命。**假如世上沒有蜘蛛，說不定花一開就會被昆蟲吃掉，我們就欣賞不到色彩繽紛的美麗世界了。**

蜘蛛吃昆蟲維生，自己也會被其他動物吃掉，或是被其他生物利用。假如世上沒有蜘蛛，吃植物的小昆蟲，與鳥類、蜥蜴等大動物之間的食物鏈就會被切斷。結果可能導致鳥類和蜥蜴的數量減少，昆蟲增加，綠色植物減少。

此外，有些動物只吃蜘蛛，例如前一章介紹的嗜蛛姬蜂，還有捕捉各種蜘蛛，再用腹部的針麻醉蜘蛛給幼蟲吃的蛛蜂，以及椿象類的獵椿，也是只吃蜘蛛的動物。

此外，英國詩人威廉・布萊克（William Blake）曾經寫下「鳥需巢，蜘蛛要網，人需要友誼」的詩作。事實上，有些鳥類會以蜘蛛網做巢。這種鳥會收集苔癬和鳥類羽毛，再用蜘蛛絲黏起來。假如世上沒有蜘蛛，這些動物就不會演化出這些技能了。

世界上將沒有神話

人類現在不直接利用蜘蛛，但綜觀過去的文化，經常可以感受到蜘蛛存在於我們的生活之中。假如世上沒有蜘蛛，人類的文化絕對與現在截然不同。

舉例來說，芥川龍之介可能就不會寫出《蜘蛛之絲》這部作品；以前的日本人也不會想出第五章介紹的傳統遊戲蜘蛛合戰（不只是日本，新加坡和菲律賓也有類似的遊戲，各國使用各地區不同種類的蜘蛛）。

從人類有歷史以來，人類文化的背後都有蜘蛛的身影。在世界各地的神話和傳說故事中，蜘蛛也以重要的角色登場。

在好幾座太平洋島嶼的傳說故事裡，認為蜘蛛是誕生這個世界的創造主。在印度，則是以蜘蛛結網來比喻神創造這個世界。蜘蛛從身體裡吐出絲，就像是靠自己的力量創造一切的神蹟，而吐出來的絲又回到蜘蛛體內，就像是誕生在世上的所有事物，最終都會回到神的身邊。

居住在美國西南部的美國原住民部落，也有不少流傳著以蜘蛛女為主角的神話。蜘蛛女創造出各種生物，包括人類，並為生物注入靈魂，傳授人類智慧，勸導人類向善，人類遭遇困難時，蜘蛛女也會現身幫助他們。蜘蛛女對美國原住民而言，是至高無上的存在。

非洲西部的傳說故事裡，有一個叫做阿南西（Anansi）的惡作劇之神，他的外型源自蜘蛛。阿南西是故事之神，也是智慧的象徵，當時有許多奴隸從非洲被帶到加勒比海一帶，阿南西可說是奴隸心目中的英雄代表。

此外，流傳於古代美索不達米亞平原的蘇美人神話裡，有一位紡織女神，名叫烏特圖（Uttu），烏特圖在當地的語言是蜘蛛的意思。埃及的戰爭女神奈特（Neit），同時也是編織和創造之神，祂也與蜘蛛有關。

另一方面希臘神話中的蜘蛛帶有負面印象。有一位擅長編織的女性名為阿刺克涅（Arachne），她向工藝女神，同時也是戰爭女神雅典娜（Athena）下戰帖，看誰才是編織女王。結果阿刺克涅惹怒了雅典娜，雅典娜將她變成蜘蛛，永生永世都要編織。這則故事令人覺得背脊發涼。

話說回來，「阿刺克涅」在希臘文的意思就是蜘蛛。生物學中，包含蠍子、蜱蟎在內的蛛形綱動物統稱為「Arachnida」，蛛形動物學則是「Arachnology」。順帶一提，電影版的《攻殼機動隊》登場的多腳戰車也稱為「Arachnida」，雖然多腳戰車是六隻腳，比真正的蜘蛛少兩隻腳。電影《星艦戰將》（*Starship Troopers*）裡的外星敵人蟲族（Pseudo-Arachnids），也是六隻腳的外星蜘蛛。

原來有這麼多！蜘蛛電影

除此之外，蜘蛛也在許多電影中登場。例如〇〇七的第一部電影《第七號情報員》（*Dr. No*）中，有一幕是主角詹姆士・龐德（James Bond）在床上睡著，敵人放了塔蘭圖拉毒蛛進來，在龐德的胸口上爬。後來龐德順利殺掉毒蛛，贏得觀眾喝采。不愧是擁有殺人執照的男人。話說回來，真正的塔蘭圖拉毒蛛很少具有致命毒性，因此龐德的做法有些不人道，根本不需要殺死蜘蛛。

由於人類總認為「蜘蛛有毒很恐怖」，因此許多電影都以蜘蛛怪物為主題。例如日本哥吉拉系列電影的第八部作品《怪獸島決戰　哥吉拉之子》（怪獸島の決戦 ゴジラの息子），主要的敵人就是巨大蜘蛛庫蒙加。如果庫蒙加也是從腹部尾端吐絲那就算了，偏偏牠是從嘴巴吐絲，那可就大錯特錯了（有一種花皮蛛確實會從口器吐絲，但外型與庫蒙加完全不同）。《超人七號》（ウルトラセブン）也有一隻宇宙蜘蛛古蒙加登場，這隻怪獸有著睡眼惺忪的眼睛。真正的蜘蛛沒有瞳孔，眼睛看起來沒有表情，因此哥吉拉電影的庫蒙加比較接近真的蜘蛛。

《魔戒》（*The Lord of the Rings*）裡也有名為屍羅（Shelob）的蜘蛛怪物出現，在第三部《魔戒三部曲：王者再臨》（*The Lord of the Rings: The Return of the King*）的前半段攻擊哈比人，從腹部噴出絲來緊緊包住主角佛羅多。作者托爾金（J.R.R. Tolkien）不愧是大學教授，營造的蜘蛛形象十分正確。可惜，屍羅以腹部尾端的毒針攻擊這個設定是錯誤的，因為這是蜜蜂的攻擊手段。

在《哈利・波特：消失的密室》（*Harry Potter and the Chamber of Secrets*）中，出現了巨型蜘蛛阿辣哥（Aragog）和牠的小孩們。電影中的蜘蛛具有社會性，集體攻擊哈利・波特。

身為一名蜘蛛學家，我最推薦《八腳怪》（*Eight Legged Freaks*）這部電影。劇情敘述受到化學物質影響產生突變的巨型蜘蛛，攻擊居住在小鎮裡的居民。雖然是一部一點也不特別的B級動物災難片，但劇情結構很扎實，喜歡這類娛樂電影的人一定會喜歡。

這部電影最棒的是，各種不同的蜘蛛發揮各自的特性攻擊人類，實在是令人激賞。巨型蠅虎跳來跳去，蠓蟷突然從土裡跳出來襲擊。其他還有塔蘭圖拉毒蛛、花皮蛛、狼蛛、草蛛等。不僅如此，電影還出現了悅目金蛛在地面行走、獵捕食物等現實世界中不可能出現的場景。原本都很完美，可惜一味追求蜘蛛攻擊人類的恐怖畫面，反而有些畫蛇添足。

大導演史蒂芬・史匹柏（Steven Spielberg）也曾經參與以蜘蛛為主角的災難片《小魔星》（*Arachnophobia*），他在這部電影中擔任監製。劇情描述一名醫生與大量繁殖的新種劇毒蜘蛛對決的過程。Arachnophobia 是蜘蛛恐懼症的意思，主角經過這次的危機，克服了害怕蜘蛛的情緒，我個人覺得劇情發展令人驚喜。或許是因為劇中的蜘蛛沒有變大，與其他蜘蛛災難片相較，顯得不夠刺激，所以並不賣座，我覺得有點可惜。

還有更多！蜘蛛電影

不是只有暴力才是特殊能力。在神話的世界中，蜘蛛代表善良，也代表邪惡，具有雙面性。同樣的，電影的世界中也有不少令人喜愛的蜘蛛主角。

最典型的代表就是《蜘蛛人》（*Spider-Man*）。蜘蛛人在美國漫畫的超級英雄中最受歡迎，不斷被重拍，對於提升蜘蛛形象做出的貢獻無人能比。話說回來，有一位研究學者針對美國漫畫中以蜘蛛形象出現的角色，做了一個全面性的統計調查（這是十分正式的學術研究），結果發現，整體的百分之六十一是反派角色（惡棍），也就是說有將近四成是英雄人物，這一點也展現出了蜘蛛形象的雙面性。

改編自知名童書的《夏綠蒂的網》（*Charlotte's Web*），是以蜘蛛做為善良象徵的電影。片名中的夏綠蒂是一隻善良的蜘蛛，她拯救了一隻即將被人類吃掉的小豬。夏綠蒂的全名是「Charlotte A. Cavatica」，有一種大腹鬼蛛的學名是*Araneus*

《蜘蛛人》。

提供：索尼影視娛樂

cavaticus，俗稱穀倉蜘蛛，夏綠蒂的名字取自實際存在的蜘蛛之名，有其背景意義在。

夏綠蒂為了救小豬一命在蜘蛛網上寫字，創造了奇蹟。如果事先知道蜘蛛會在網子上裝飾X或I字型等圖案，看這部電影時就會覺得更有趣。

蜘蛛也在一些電影中，以隱喻的形式出現。以兩名獄友間的對話展開劇情，獲得奧斯卡最佳電影提名的《蜘蛛女之吻》（*Kiss of the Spider Woman*），兩人提及的其中一則故事就是蜘蛛女。蜘蛛女被自己吐的絲捆住，囚禁在南方島嶼。不過，蜘蛛女在電影中暗喻的是兩位主角之間萌生的愛情，用真實的蜘蛛來看這項隱喻，或許有些俗氣，畢竟在劇裡是以人類的型態呈現。

有蜘蛛的地方就有蜘蛛學家。以安潔莉娜・裘莉（Angelina Jolie）飾演的中情局探員為主角的電影《特務間諜》（*Salt*）明明是一部間諜片，其中一個吃重的角色卻是蜘蛛學家，這項設定很特別。我一聽說安潔莉娜・裘莉在劇中嫁給一名蜘蛛學家，就想知道那個角色到底多有魅力，於是跑到電影院裡去看。沒想到這名蜘蛛學家在劇中的遭遇還滿悲慘的，我不想爆雷，所以就說到這裡為止。我只能說，劇中完全沒有利用蜘蛛的知識拯救世界危機那種精采磅礡的劇情*，也沒有和太太之間的浪漫鏡頭，讓我忍不住吶喊：「你到底為什麼演這部戲！」但由此也能看出蜘蛛學家在電影世界裡的地位。

言歸正傳，假如世上沒有蜘蛛，我剛剛提及的神話、文學作品、遊戲與電影，全都不存在。人不能只靠麵包活下去。就像假如世上沒有牛人類會感到困擾一樣，假如世上沒有蜘蛛，我相信人類同樣也會感到困擾。

未來對蜘蛛來說也充滿變數

假如世上沒有蜘蛛——這個假設絕非天馬行空。

二〇一九年五月，人類已知的蜘蛛種類約有四萬八千種。這個數字真的很多，因為人類所屬的哺乳類只有六千種左右，也就是說蜘蛛有八倍於哺乳類的多樣性。正確來說，這個比例應該更大才對，因為在這三年內，蜘蛛增加了兩千種，比任何國家的經濟成長率還要驚人。

審訂注——在這部電影中，女主角其實有利用被蘇俄特務殺死的蜘蛛學家丈夫所飼養蜘蛛的毒液來達成她要執行的特別任務。

為什麼會增加得這麼快？

那是因為這個世界上還有許多我們從未見過的蜘蛛，全球的蜘蛛學家每天都發現新種，名單才會陸續增加。三年增加兩千種蜘蛛，平均下來每天發現兩種。另一方面，我們哺乳類在過去幾乎已經完全調查完畢，很難發現新種。隨著時間過去，哺乳類與蜘蛛之間的差距將愈來愈大。

話說回來，若包括尚未發現的種類在內，蜘蛛在世界上到底有多少種？根據某項科學推估，專家認為至少有十二萬種。就算每天記住一種的名字，也要花上三百三十年才能記住所有蜘蛛的名字。因此請放棄想記住所有蜘蛛名字的雄心抱負吧！

如今已在地球繁榮興盛的蜘蛛，未來將會如何？我們不得而知。

現在全世界的生物都面臨滅絕危機，蜘蛛也無法倖免，攤開全世界的瀕危物種紅色名錄，就會發現有將近一百五十種蜘蛛被列入易危物種。這占整體不到百分之一，和被列入易危物種的比例高達百分之二十五的哺乳類相較之下，蜘蛛的數字相當低。

不過，這個數字是因為蜘蛛調查並不普及的關係。以昆蟲為例，過去的幾十年內面臨滅絕危機的種類已占整體的四成以上，蜘蛛或許也面臨到相同危機而不自知。就算沒有這麼嚴重，只要昆蟲消失，蜘蛛也會活不下去。因此，無論蜘蛛的未來如何，都不能樂觀看待。

每年全世界蜘蛛吃下的昆蟲量可與所有人類加總的體重匹敵

假如世上沒有蜘蛛，生態系將截然不同，人類也會遭受間接影響。原因很簡單，**蜘蛛是陸地生態系中，捕食量最多的生物**。

若將棲息在世界各地的蜘蛛集合起來，測量牠們的體重，重量大約會是兩千五百萬噸。地球上除了人類與家畜以外的所有野生哺乳類整體重量約為四千七百萬噸，蜘蛛大約是這數字的一半，可見數量有多龐大。此外，所有鳥類的總重量約為兩千七百萬噸，和蜘蛛不相上下。

大多數蜘蛛棲息在森林裡，棲息在草原和灌木林的蜘蛛密度只有森林的一半，棲息在農地和沙漠地帶的密度更少，但也占了整體的百分之三。數量如此龐大的蜘蛛需要大量的食物。若累積一整年的進食量，總量相當可觀，根據估計，**全世界的蜘蛛每年要吃四億到八億噸的食物**。

這個數字過於龐大，各位可能一時之間無法反應過來。容我舉個例子說明，假設全球七十億人的平均體重為五十公斤，全員加總約為五十公斤乘上七十億，等於三千五百億公斤，換算之後等於三．五億噸。換句話說，蜘蛛每年至少吃下相當於全人類體重的食物量。

事實上，蜘蛛吃的幾乎全是昆蟲。世上所有昆蟲的重量估計約為十三億噸，也就是說其中三到六成會被蜘蛛吃掉。

由此可見，假如世上沒有蜘蛛，失去獵食者的昆蟲將大幅增加，昆蟲大多吃植物，森林和草原的植物將會被大量昆蟲吃掉，農作物的收穫量可能也會大幅減少。

當農地有許多蜘蛛，專吃農作物的昆蟲數量就不會增加得太快，可以維持高度的農作物收穫率。蜘蛛吃昆蟲是減少昆蟲數量的直接原因之一，有蜘蛛在，昆蟲就會感到害怕，無法自由行動，到處覓食，也無法產下大量後代。

有一種蜘蛛只吃蚊子，尤其最愛吃吸了血的蚊子。蚊子會傳染各種疾病，二〇一四年在東京引發小規模流行的登革熱，以及瘧疾都是透過蚊子傳播，因此假如世上沒有蜘蛛，很可能影響人類健康。

假如家裡沒有蜘蛛……？

我每天都打掃家裡，所以我家沒有蜘蛛——才沒有這回事呢。

根據一項美國的調查結果，棲息在家裡的節肢動物中，種類最多的是蒼蠅與蚊子，第二多的就是蜘蛛。許多蒼蠅以人類的食物為食，蚊子則是吸人類的血維生，這兩種昆蟲都靠人類生存，因此不難理解這些是家裡最多的小小生物（儘管如此，蒼蠅與蚊子卻不是對人類有益的昆蟲）。

另一方面，蜘蛛完全不靠人類生活，不知為何還是有許多種類棲息在家裡。

但大多數蜘蛛對人類無害，因此大家可以安心。雖說為了獵食，蜘蛛身上帶有毒性，但對人體有害的種類相當稀少，蜘蛛也不會傳染疾病。很多人都不知道，有些蜘蛛甚至會吃蟑螂和蜱蟎。

當我們很忙，無法天天打掃家裡，家中角落就會出現蜘蛛網，這就是家中棲息著許多蜘蛛的證明。蜘蛛是一般人家裡最多的蟲類，就算牠們不結網，也會留一條絲走路。因此，那些人類的手搆不到或打掃不到的地方，例如傢俱之間的縫隙，燈具和天花板之間的空隙，很容易在不知不覺間累積一大堆蜘蛛網或蜘蛛絲，這是很自然的結果。

當我們發現蜘蛛網時，千萬不要覺得家裡很髒，急急忙忙地大掃除。事實上，最近的研究發現，**蜘蛛絲可以有效抑制細菌孳生。**＊蜘蛛絲愈多，抑制細菌孳生的效果就愈好。簡單來說，只要家裡有蜘蛛，即使是打掃不到的地方也不易孳生細菌，有助於維持衛生環境。

蜘蛛絲具有抗菌作用，而且不會傷害哺乳類的細胞。許多研究利用這項特性，在修復受損神經時，將蜘蛛絲當成導引線，讓神經朝正確的方向重新生長；

審訂注——有英國的研究團隊報導某些蜘蛛的絲上似乎具有可抑制細菌生長的化學物質。而台灣的研究團隊利用三種蜘蛛的研究則未發現有這類的抗菌物質在蜘蛛表面，蜘蛛絲之所以能不被細菌所分解，乃是細菌無法利用絲當中的蛋白質之故。

想要移植器官到體內時，也會利用蜘蛛絲的蛋白質包覆，避免排斥反應或術後感染；也有專家正在嘗試將藥物放進利用蜘蛛蛋白製成的微型膠囊，運送至身體各處。

蜘蛛果然是人類友善的好鄰居

由此可見，假如世上沒有蜘蛛，這個世界將變得完全不一樣。我們日常生活中很少察覺蜘蛛的存在，但牠真的是人類友善的好鄰居。

蜘蛛的演化歷程與人類截然不同，其生存邏輯與人類有重疊之處，也有差異甚大的地方。

雖然人類與蜘蛛的心靈無法相通，但也並非完全不相容。蜘蛛能存在我們的生活之中，我覺得是一件很棒的事情。

假如世上沒有蜘蛛，那一定很無趣，各位覺得呢？

後記

由於工作關係，我一直希望世界上有更多人喜歡生物，愛惜小生命。生物容易棲息的世界才是對人類最好的世界。

我從小就喜歡在一旁觀察昆蟲（因為沒人教我的關係，我的喜好只停留在觀察，與採集昆蟲、製作標本等深入研究無緣，只是純粹觀賞而已），我一直以為大家都喜歡觀察昆蟲，直到稍微懂事一點，才發現我的認知是錯誤的。我一直很好奇，為什麼大多數人對生物如此漠不關心？

不只如此，我覺得人類是一種不可思議的生物，就算從旁觀察，也完全不知道人類在想什麼。我從小就有這樣的疑問。考上大學，在決定要攻讀哪個領域時，我跟當時的副教授T先生（在我就讀的大學，如果稱老師為教授、老師〔sensei〕，他們都會生氣，所以我在此以先生〔san〕稱呼）說：「我覺得如果能了解生物的生態與行為，應該就能理解人類。」對方竟然說：「又進來了一個怪人。」害我滿臉問號。我才知道我的想法和別人不一樣，我一直以為每個人都會覺得人類很奧妙。

進入研究室之後，我發現身邊的伙伴比我還要了解生物，他們對生物充滿熱情，讓我欽佩不已。我才知道忙於研究都沒時間了，哪還有空了解人類？一直懵懵懂懂地活著的我，很快就放棄要與大家齊頭並進的想法，決定做「自己喜歡的事」。

近朱者赤，近墨者黑。當我開始投入研究，尤其是遇到蜘蛛之後，我一步步走進了深不可測的世界。雖然直到現在，我仍然沒有把握自己是否在這本書中清楚說明了我想說的話，但蜘蛛真的是很有趣的生物。因為有趣，在學會上發表自己的發現或撰寫論文，都成為一件快樂的事情。不過，這些都是學問窄門裡的感受。若要混在研究家的世界裡悠哉過活也是很好的選擇，但剩下的人生都要這樣過嗎？我最近不禁開始思考這樣的問題。我想這就是所謂的中年危機。

二〇一八年的七夕那一天，原本要在大阪府阪急電鐵水無瀨車站前的長谷川書店周邊舉行的一箱古本市（二手書市集），遇到颱風而被迫取消，原本想參加市集的人都到了旁邊的印度餐廳吃飯。我很喜歡長谷川書店，我一直認為生活圈中有書店這件事，可以增加五成的人生幸福度。我在一旁裝熟地說，市集取消真是可惜，接著趁亂混進了餐廳，與大家一起吃飯。就在當天，三島出版社（MISHIMA社，即本書原出版社）的人也剛好在場，我藉著酒意大聊蜘蛛，對方聽得津津有味，問我要不要寫一本從蜘蛛看人類的書籍。像這樣，我有幸寫這本書真的是偶然的機遇，我衷心感謝。

我以前寫過書，但都是針對專家或是專業領域入門寫的書，再說，「從蜘蛛看人類」這樣的主題一定會觸及非我專業的內容。如果寫出言不符實、沒有重點的書，我的同行可能會在一旁冷笑，一想到這裡就覺得有些退卻。不過，就像我剛剛說過的，我內心真正的想法：我喜歡生物，我想和生物站在同一陣線，我希望這個社會能有更多人珍惜生物存在的環境。如果不這麼做，這個世界就要停擺了。近來這種迫切感愈來愈重，我希望能拉近生物與人類之間的關係，我能做的就是寫書，就這樣，我豁出去了。希望這份成果還算成功。

對於一直敦促我的編輯星野友里女士、三島社的負責人三島邦弘先生，我除了感謝，還是感謝。謝謝你們。我還要感謝我的內人小綠，每次我寫書，她都是第一個看，而且也是評論最辛辣的讀者，十分感謝她一直容忍蜘蛛在家中庭院裡結網，謝謝妳幫我這麼多。我也要謝謝我的兩個兒子。你們看到爸爸拉一張椅子坐在庭院裡看似發呆，其實我是在工作，只要讀過這本書就知道了。

我每次望著蜘蛛都忍不住想「牠到底在思考什麼？」，基本上跟我看到人類時的想法一樣。蜘蛛有一顆隨著經驗改變，可以預測未來、柔軟又複雜的心。如果你問我「真的嗎？」，我一定會搖搖頭說我也不知道，但無論如何，每次看著蜘蛛，我都忍不住想這麼說（在動物行為學中，要盡量避免將觀察對象擬人化來理解，我很清楚這一點，但另一方面，我覺得這就是人類理解世界的方法）。本書的書名（中文版編按：指日文原書名，直譯為「蜘蛛的絲／思」）將蜘蛛的心以「絲」等於「思」來表現。「絲」是蜘蛛最大的特性，有心的蜘蛛用絲在世界結網。蜘蛛的「絲」與「思」充滿了這個世界，衷心希望這樣的世界可以正常運作，傳承給下一代。祈願本書能盡一點微薄之力，這是個人最大的心願。

中田兼介

二〇一九年八月二十三日
寫於前往參加蜘蛛學會的路上

蜘蛛的腳裡有大腦？

揭開蜘蛛的祕密宇宙，從牠們的行為、習性與趣聞，看那些蜘蛛能教我們的事

クモのイト

科普漫遊 FQ1068

作　　者　中田兼介
譯　　者　游韻馨
審　　訂　卓逸民
編輯總監　劉麗真
責任編輯　謝至平
行銷企劃　陳彩玉、楊凱雯、陳紫晴
封面設計　Bianco Tsai
內頁排版　傅婉琪

發 行 人　凃玉雲
總 經 理　陳逸瑛
出　　版　臉譜出版
城邦文化事業股份有限公司
台北市民生東路二段141號5樓
電話：886-2-25007696　傳真：886-2-25001952

發　　行　英屬蓋曼群島商家庭傳媒股份有限公司城邦分公司
台北市中山區民生東路141號11樓
客服專線：02-25007718；25007719
24小時傳真專線：02-25001990；25001991
服務時間：週一至週五上午09:30-12:00；下午13:30-17:00
劃撥帳號：19863813　戶名：書虫股份有限公司
讀者服務信箱：service@readingclub.com.tw
城邦網址：http://www.cite.com.tw

香港發行所　城邦（香港）出版集團有限公司
香港灣仔駱克道193號東超商業中心1F
電話：852-25086231
傳真：852-25789337

新馬發行所　城邦（馬新）出版集團　Cite (M) Sdn Bhd.
41-3, Jalan Radin Anum, Bandar Baru Sri Petaling,
57000 Kuala Lumpur, Malaysia.
電話: +6(03) 90563833
傳真: +6(03) 90576622
讀者服務信箱 :services@cite.my

一版一刷　2021年3月

ISBN 978-986-235-899-3

售價：300元（本書如有缺頁、破損、倒裝，請寄回更換）

國家圖書館出版品預行編目資料

蜘蛛的腳裡有大腦？：揭開蜘蛛的祕密宇宙，從牠們的行為、習性與趣聞，看那些蜘蛛能教我們的事／中田兼介著；游韻馨譯. -- 一版. -- 臺北市：臉譜出版，城邦文化事業股份有限公司出版：英屬蓋曼群島商家庭傳媒股份有限公司城邦分公司發行，2021.03
面；　公分. --（科普漫遊；FQ1068）
譯自：クモのイト
ISBN 978-986-235-899-3(平裝)
1.蜘蛛綱
387.53　　109021440